영양사 엄마의 균형 잡힌 유아식

영양사 엄마의 균형 잡힌 유아식

—

2024년 07월 17일 1판 1쇄 인쇄
2024년 07월 26일 1판 1쇄 발행

—

지은이 박경은
펴낸이 이상훈
펴낸곳 책밥
주소 03986 서울시 마포구 동교로23길 116 3층
전화 번호 02-582-6707
팩스 번호 02-335-6702
홈페이지 www.bookisbab.co.kr
등록 2007. 1. 31. 제313-2007-126호

—

기획 윤정아
진행 윤정아, 김효정
디자인 디자인허브

—

ISBN 979-11-93049-49-5 (13590)
정가 23,000원

책밥은 (주)오렌지페이퍼의 출판 브랜드입니다.

건강하고 맛있게, 쉽고 간단하게 만드는 레시피

영양사 엄마의
— 균형 잡힌 —
유아식

책밥

아이에게
영양이 가득한 유아식을
주고 싶은
엄마의 마음으로

이유식에서 유아식으로 넘어가며 걱정하는 엄마를 위해, 요리가 어렵다고 생각하는 엄마를 위해, 언제나 시간이 부족한 일하는 엄마를 위해 간단하고 쉽게 건강을 챙길 수 있는 유아식 책을 만들고 싶었어요. 본래 직업이 영양사다 보니 이유식을 만들 때부터 제 경험과 경력을 살리려고 노력했습니다. 특히 첫째 이현이는 힘들게 낳은 아이였고 임신 중 임신 당뇨까지 겪고 나니 더욱더 건강한 식단에 매진하게 되었어요. 아이의 건강한 식습관을 기르기 위해 다양한 재료를 사용하고 여러 조리법을 시도해 보았답니다.

아이가 편식하지 않고 골고루 잘 먹었으면 하는 마음, 건강하게 먹이고 싶은 마음은 모든 엄마가 다 같을 거예요. 하지만 바쁜 일상에서 매번 정성스럽게 밥을 차리는 일은 생각보다 쉽지 않습니다. 이 책은 고민이 깊은 우리 엄마들을 위해 조리법은 간소화하고 재료의 활용도는 높였습니다. 간단한 조리법 덕분에 바쁜 엄마, 초보 엄마도 쉽게 도전할 수 있고 응용 레시피를 통해 일부 재료가 없어도 맛있게 만들 수 있어요.

아이는 컨디션에 따라 잘 먹는 날과 그렇지 않은 날이 있어요. 우리 아이가 오늘 특정 음식을 잘 먹지 않더라도 다른 날 다시 제공해 보세요. 아이가 싫어하는 재료일지라도 조리법을 조금씩 바꿔가며 끊임없이 노출하는 것이 중요하답니다. 조금 지치는 과정이지만, 아이의 건강한 식습관을 위해 이 부분은 놓치지 않았으면 좋겠어요.

하지만 그렇다고 엄마가 요리로 스트레스를 받으면 그 감정은 아이에게 고스란히 전달됩니다. 매일 요리하지 못한다고 미안해하지 마세요. '아이는 먹는 것으로 크는 게 아니라 사랑으로 큰다'는 말이 있듯이 엄마가 행복해야 아이도 행복하답니다. 어쩌면 이 책의 레시피와 식단은 영양사 박경은과 현실 육아를 병행하는 엄마 박경은 사이의 타협안인지도 모르겠습니다. 균형 잡힌 영양소는 물론이고 식감, 색감 등 여러 요소가 완벽히 조화를 이룬 메뉴와 자연 친화적인 재료만을 사용해 아이에게 먹이고 싶었어요.

하지만 결코 녹록지 않은 육아 현장에서는 영양사인 저조차 종종 간편식을 사 먹이게 되는 게 현실이었습니다. 그래서 이 책에서는 그동안의 육아 경험 노하우를 살려 실현 가능한 영양식 식단을 최대한 담백하게 담아내려고 노력했어요. 화려하고 멋있지는 않지만 그래서 더 자주 열어보게 되는 책이 되길 바랍니다. 인터넷에 된장찌개 레시피를 검색하듯 우리 아이 식사를 준비하며 어렵지 않게 이 책이 사용되었으면 좋겠어요.

마지막으로 이 책을 출간할 수 있도록 도움을 준 책밥출판사 그리고 사랑하는 남편과 소중한 이현, 이서 자매에게 고마운 마음을 전합니다.

박경은 드림

Contents

영양사 엄마의
균형 잡힌 유아식

1

아이에게 건강한 식단이란?

우리 아이가 "시금치 싫어!"를 외친다고 해서 식단에서 제외한다면 이는 건강한 식단이라고 말할 수 있을까요? 아이가 싫어하는 재료가 있다면 그것을 아이가 좋아하는 식감이나 맛으로 바꿔주는 노력이 필요합니다. 영양소를 골고루 섭취할 수 있도록 다양한 재료를 사용하고 편식하지 않고 잘 먹을 수 있도록 여러 조리법을 고민해 보는 것이 건강한 식단의 첫걸음입니다.

필수 영양소를 포함한 식단

아이의 성장과 발달에는 다양한 영양소가 필요합니다. 다양한 영양소를 골고루 섭취할 수 있도록 식단을 구성하는 것이 가장 중요해요. 그 가운데 **탄수화물, 단백질, 지방, 무기질(미네랄), 비타민**은 우리 몸에 꼭 필요한 영양소로 식단 재료를 정할 때 기준이 됩니다.

다양한 메뉴의 식단

재료가 정해졌다면 이번에는 이를 활용해 어떤 음식을 만들면 좋을지 고민해 봅니다. 어릴 때부터 다양한 음식을 경험할 수 있도록 해 주세요. '세 살 입맛이 여든까지 간다'는 말이 있듯이 어린 시절 다양한 음식을 경험해야 편식하지 않는 사람으로 자란답니다. 같은 재료라도 여러 조리법을 활용해 다양하게 제공하면 아이의 편식은 자연스럽게 줄어들 거예요.

아침 식사의 중요성

아이에게 세끼는 무엇보다 중요한데 그중 아침 식사가 제일 중요합니다. 등원 준비만으로 정신없는 시간이지만, 아침 식사는 꼭 챙겨 주세요. 완벽한 아침 식사가 아니어도 괜찮습니다. 볶음밥, 덮밥, 죽과 같은 간단한 한 그릇 요리로도 충분하니 아침 먹는 습관을 들여 보세요.

아침 식사가 중요한 이유는 **첫째**, 탄수화물과 단백질이 몸의 에너지를 충전해 줍니다.

따라서 모든 신체 기능, 특히 뇌 기능을 원활하게 만듭니다. 아이의 두뇌 발달에 필요한 집중력과 기억력 증진에 도움이 돼요. **둘째,** 소화 과정에서 발생하는 열 덕분에 체온이 올라가 면역력 증진에 도움을 줍니다. **셋째,** 규칙적인 아침 식사는 소화 기능을 개선하고 체내 장기들이 제 기능을 하게 합니다.

2 영양 만점 유아 식단 짜는 법

탄수화물은 다양하게 제공해 주세요.

탄수화물은 우리 몸에서 가장 중요한 에너지원으로 반드시 섭취해야 하는 영양소입니다. 하지만 과하게 섭취하면 당뇨, 심혈관 질환, 비만 등을 유발할 수 있어 주의가 필요하죠. 탄수화물을 제공할 때는 정제 곡물인 흰쌀만 주기보단 잡곡(현미, 찹쌀, 퀴노아, 차조, 흑미 등), 콩류(렌틸콩, 병아리콩, 완두콩 등), 구황작물(고구마, 감자 등)을 번갈아 가며 제공해 주세요. 영양과 섬유질이 풍부한 건강한 탄수화물이 우리 아이를 더욱 활기차게 만들어 준답니다. 잡곡이나 콩류는 적은 양으로 시작해 양을 점차 늘려가는 적응 과정이 필요한데요. 처음에는 5~10% 이내로 섞어 제공해야 아이가 소화하는 데 어려움을 겪지 않습니다.

단백질과 건강한 지방으로 만들 주찬을 먼저 정해 주세요.

주찬은 메인 반찬을 의미합니다. 주로 단백질과 건강한 지방이 포함된 재료로 만듭니다. 단백질은 신체 조직(근육, 뼈, 피부 등) 형성과 유지에 큰 역할을 하며 세포 복구, 호르몬 생산에 필수적이고 면역력을 유지하는 데 중요한 영양소입니다. 소고기, 돼지고기, 닭고기, 생선, 해산물, 달걀, 콩 등이 단백질을 함유하고 있어요. 또 건강한 지방은 균형 잡힌 식단의 중요한 요소로 불포화 지방산은 신체 기능에 필수적입니다. 오메가3 지방산이 풍부한 생선, 아보카도, 견과류, 올리브유 등이 건강한 지방의 좋은 공급원입니다. 다만 생선은 큰 어종일수록 수은을 축적하고 있을 확률이 높아 주 2~3회 정도만 제공해 주세요. 1회에 30g, 1주일에 90g 정도가 적당합니다.

비타민과 식이 섬유가 풍부한 채소로 부찬을 만들어 주세요.

부찬은 곁들임 반찬을 의미합니다. 비타민과 식이 섬유가 풍부한 채소가 곁들임 반찬 재료 많이 쓰이는데요. 채소는 배변 활동을 돕고 체내 나트륨을 배출시켜 혈압 상승을 막아주는 역할을 합니다. 또 콜레스테롤 흡수를 억제하고 혈당이 안정적으로 유지하는 데 도움을 주는, 건강한 식단에 꼭 필요한 재료입니다. 아이가 채소를 싫어하더라도 주찬과 곁들이거나 아이가 좋아하는 재료와 섞어 조리하는 방식으로 제공해 주세요. 색감이 다채로운 채소를 활용해 아이의 호기심을 자극해 보는 방법도 좋습니다.

부족한 단백질은 국으로 채울 수 있어요.

한 그릇 요리만으로 단백질을 채우기 어려울 때는 국을 활용해 주세요. 바쁜 아침에는 따끈한 국밥(육개장, 닭곰탕 등)만으로도 필요한 단백질을 보충할 수 있답니다.

한 그릇 요리를 만들 때는 필수 영양소를 모두 고려해 주세요.

한 그릇 요리는 상차림이 간단해 엄마들이 좋아하는 메뉴입니다. 볶음밥, 덮밥, 죽, 면, 일품요리 등을 한 그릇 요리라 부르는데요. 이를 식단에 넣을 때는 한 그릇 안에 모든 영양소가 고루고루 포함되도록 해야 합니다. 만약 한 그릇 요리만으로 단백질이 부족하다 느껴지면 스크램블에그, 아기 치즈 등을 추가하고 비타민이나 식이 섬유가 부족하다 느껴지면 채소가 듬뿍 든 국, 과일 후식 등을 곁들여 영양을 골고루 챙겨 주세요.

빈혈에 좋은 철분과 식욕을 돋게 하는 아연이 든 재료를 사용해 주세요.

철분과 아연은 아이들에게 꼭 필요한 무기질(미네랄) 영양소입니다. 철분이 풍부한 재료는 해조류(김, 미역, 매생이, 다시마), 장어, 굴비, 굴, 멸치, 참깨, 들깨, 달걀 노른자, 견과류(아몬드, 호두, 잣), 호박, 표고버섯, 깻잎, 시금치, 근대, 케일 등이 있습니다. 아연이 풍부한 재료는 소고기, 돼지고기 목살, 닭다리살, 해산물(바지락, 게), 삶은 콩, 병아리콩, 캐슈너트, 유제품(우유, 치즈, 요거트) 등이 있습니다. 요리할 때 이를 참고해 주세요.

제철 재료를 활용해 주세요.

제철 재료로 만든 음식은 맛과 신선도가 뛰어나고 영양소도 풍부하답니다. 봄철 재료는 봄동, 달래, 미나리, 마늘종, 취나물, 쑥, 냉이, 두릅, 바지락, 주꾸미, 장어, 딸기가 있습니다. 여름철 재료는 옥수수, 감자, 참나물, 장어, 갈치, 복숭아, 참외, 토마토, 블루베리, 포도가 있습니다. 가을철 재료는 배추, 무, 참나물, 고구마, 호박, 대하, 꽁치, 은행, 배, 감, 사과가 있습니다. 겨울철 재료는 시금치, 브로콜리, 우엉, 파래, 굴, 삼치, 가리비, 귤, 유자가 있습니다. 아이에게 제철 재료를 제공할 때 **푸드 브릿지 방식**을 활용하면 낯선 재료에 대한 거부 반응을 줄일 수 있어요.

푸드 브릿지(Food Brigde)란?

아이들이 건강한 식습관을 갖도록 다리를 놓아준다는 의미입니다. 단계별로 낯선 재료를 천천히 노출해 자연스러운 음식 섭취를 유도합니다. **1단계 '친해지기'입니다.** 시장에서 재료를 직접 보거나 미디어를 통해 새로운 재료에 대해서 알아가는 시간을 갖습니다. **2단계 '간접 노출'입니다.** 재료를 갈아서 주스, 소스, 육수 등으로 만들어 제공해 주세요. 겉으로 드러나지 않기 때문에 거부감 없이 잘 먹을 거예요. **3단계 '소극적 노출'입니다.** 재료를 잘게 다져 볶음밥, 덮밥, 죽 등의 재료로 사용합니다. 아이가 재료에 익숙해지는 데 도움을 줍니다. **마지막으로 4단계 '적극적 노출'입니다.** 아이가 좋아하는 음식이나 형태로 재료를 조리하고 음식의 맛에 관해서 이야기를 나누어 봅니다. 4가지 단계를 천천히 밟으면 아이의 편식하는 습관을 눈에 띄게 줄일 수 있답니다.

하루 필요 열량을 고려해 식단을 짜 주세요.

유아기 하루 필요 열량을 고려해 식단을 짠다면 좀 더 균형 잡힌 식단을 완성할 수 있습니다. 만 1~2세 아이의 하루 필요 열량은 **900kcal** 정도입니다. 한 끼 기준, 밥 80~100g, 국 90ml, 주찬(단백질) 35g, 부찬(채소) 25g, 김치(부찬 대체 가능) 15g 구성이 적당합니다. 만 3~5세 아이부터는 하루 필요 열량이 **1,500Kcal**로 증가합니다. 한 끼 기준, 밥 100~120g, 국 100~140ml, 주찬(단백질) 50g, 부찬(채소) 40g, 김치(부찬 대체 가능) 20g 구성으로 식사를 제공해 주세요.

3 영양사 엄마가 제안하는 3가지 식단표

골고루 먹는 영양 만점 일주일 식단

∨	월	화	수	목	금	토	일
조식	쌀밥 새우배춧국 소고기양송이볶음 무나물 ABC깍두기	누룽지죽 닭안심장조림 새우시금치볶음 물김치	전복죽 어묵카레볶음 도토리묵김무침 물김치	쌀밥 사골떡국 돈사태영양찜 청경채무침 ABC깍두기	달걀야채죽 우엉호두조림 새송이들기름볶음 물김치	유부된장국 닭안심카레볶음밥 콩나물무침 물김치	소고기오징어죽 참치두부조림 느타리버섯볶음 물김치
중식			어린이집/유치원			수제비 항정살된장구이 청경채무침 ABC깍두기	애호박볶음밥김말이 메추리알스카치에그 크래미옥수수샐러드 ABC깍두기
간식			어린이집/유치원			오트밀사과쿠키	닭봉사과소스조림
석식	연어구이 &야채볶음밥 미역된장국 크래미사과무침 사과오이피클	쌀밥 오징어뭇국 대패숙주볶음 단호박감자조림 백김치	흑미밥 참치추어탕 오꼬노미달걀말이 브로콜리들깨무침 ABC깍두기	고구마밥 황태두부뭇국 소불고기 당근양파전 백김치	소고기가지토마토 볶음밥 두부커틀릿 달콤오이무침 ABC깍두기	잡곡밥 사골미역국 등갈비찜 달걀가지볶음 백김치	쌀밥 육개장 돈육잡채 브로콜리치즈전 ABC깍두기

최소 재료로 만든 다양한 구성의 일주일 식단

*소고기, 돼지고기, 닭고기, 두부, 달걀, 크래미, 가지, 느타리버섯, 오이, 애호박, 양파, 당근, 감자

∨	월	화	수	목	금	토	일
조식	크래미달걀죽 물김치	돈육느타리버섯덮밥 ABC깍두기	소고기야채죽 물김치	돈육가지볶음밥 ABC깍두기	야채닭죽 물김치	소고기버섯리소토 사과오이피클	돈육감자버터볶음밥 물김치
중식	어린이집/유치원					쌀밥 닭곰탕 돈육양파볶음 두부조림 ABC깍두기	돈가스 야채볶음밥 ABC깍두기
간식	어린이집/유치원					감자키쉬	생과일주스
석식	소보로비빔밥 애호박된장국 치킨커틀릿 백김치	오야코동 가지튀김 사과오이피클	쌀밥 달걀국 돈사태영양찜 감자전 ABC깍두기	닭안심크림리소토 미트볼 크래미오이무침 백김치	쌀밥 감자양팟국 찹스테이크 가지들깨나물 ABC깍두기	크래미달걀볶음밥 애호박맑은국 야채전 백김치	쌀밥 소고기뭇국 닭안심허니버터볶음 오이무침 백김치

워킹 맘을 위한 초간단 한 그릇 일주일 식단

∨	월	화	수	목	금	토	일
조식	병아리콩닭죽 멸치견과류볶음 물김치	소고기표고버섯덮밥 오이무침 백김치	오징어야채덮밥 크래미숙주무침 ABC깍두기	닭다리살구이덮밥 청경채된장무침 ABC깍두기	새우애호박덮밥 고구마감자채볶음 백김치	순두부달걀덮밥 해물야채볶음 ABC깍두기	참치야채죽 소고기메추리알장조림 물김치
중식	어린이집/유치원					렌틸콩야채카레 옥수수감자크로켓 ABC깍두기	마파두부덮밥 어묵달걀전 사과오이피클
간식	어린이집/유치원					크림떡볶이	고구마우유조림
석식	새우크림파스타 애호박튀김 사과오이피클	훈제오리 야채볶음밥 소고기미역국 두부청경채볶음 ABC깍두기	파인애플새우볶음밥 시금치된장국 어묵카레볶음 사과오이피클	소고기마늘종볶음밥 황태두부뭇국 스크램블에그 두부커틀릿 백김치	참치옥수수볶음밥 버섯맑은국 떡갈비 ABC깍두기	소고기야채주먹밥 콩나물국 오꼬노미달걀말이 백김치	미트볼토마토덮밥 미역된장국 새우커틀릿 백김치

4 주로 사용한 재료

소고기 지방이 많지 않은 부위를 위주로 사용합니다. 지방과 살코기가 적절하게 섞여 있는 등심이나 지방이 적고 육질이 부드러운 안심을 추천해요. 다짐육으로는 우둔살도 괜찮습니다. 조림용, 찜용, 수육용, 국물용으로는 사태를 사용해 주세요. 가능하면 목축 사육 소고기를 구입하는데, 목축 사육 소는 축사에서 벗어나 넓은 목초지에서 길러집니다. 따라서 스트레스가 적고 GMO(유전자 재조합 식품) 곡물 사료와 항생제, 성장촉진제 없이 자연의 풀만 먹으며 생활합니다. 곡물 사료를 먹은 축사 사육 소보다 오메가3가 5배 이상 많고 건강한 지방, 비타민, 무기질(미네랄) 등이 풍부하다는 장점이 있습니다.

(추천) 헤이그린스 풀만먹은소, 유기농방목마켓 한우

돼지고기 고품질의 단백질을 가지고 있어 아이 근육 발달에 도움을 줍니다. 비타민 B와 철분, 아연이 풍부하며 소고기와는 다른 고소한 맛을 지니고 있어요. 유아식에는 지방이 적은 등심을 주로 사용하는 편입니다. 조림, 볶음, 돈가스, 잡채 등 모든 요리에 활용할 수 있답니다. 돼지고기를 구입할 때는 유기농 무항생제 육류로 선택하고 유통 기한과 신선도를 꼭 확인해 주세요.

닭고기 안심이 유아식에 활용하기 좋습니다. 하얗고 질긴 힘줄과 근막은 제거해 주세요. 닭다리살은 조림, 구이, 탕을 만들어 먹기 좋은데 지방이 많은 껍질은 제거한 후 요리합니다. 닭고기는 균 번식 위험이 있어 구입 후 물에 씻지 않고 바로 조리해 주세요. 바로 요리하지 못할 때는 소분해 냉동 보관합니다. 유기농 무항생제 육류를 택해 주세요.

달걀 껍데기에는 산란일자 고유번호, 생산자 고유번호, 사육환경번호가 새겨져 있습니다. 사육환경번호를 살펴보면 1번은 방사, 2번은 축사 내 평사, 3번은 개선된 케이지, 4번은 기존 케이지를 의미합니다. 사육환경번호 1번 또는 2번인 달걀로 구매하고 신선함의 기준인 산란일자도 꼭 확인합니다. 달걀 껍데기 외관 판정(상처 유무, 모양, 결함), 투광 판정(실금, 공기주머니 상태와 윤곽), 할란 판정(노른자와 흰자의 상태) 3가지 항목을 종합적으로 판정해 1+등급, 1등급, 2등급을 결정합니다. 달걀을 구입할 때 이 부분도 놓치지 말고 기억해 주세요.

생선 심혈관 질환에 좋은 재료입니다. 또 두뇌 발달에 필요한 단백질과 오메가3 지방산도 풍부하지요. 하지만 바다 깊은 곳에 사는 큰 생선은 수은이 다량으로 축적되어 있을 가능성이 커 작은 생선을 섭취하는 걸 권장합니다. 유아식에는 염장 처리가 되지 않은 생선이나 가시가 제거된 순살 생선을 주로 사용하는 편이에요.

(추천) 아린이네생선가게, 생선파는언니

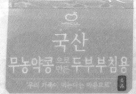

두부 국산 콩으로 만들었는지, 유화제와 거품제거제가 무첨가인지, 천연 응고제(조제 해수염화마그네슘)를 사용한 제품인지 먼저 확인합니다. 다음으로 두부 표면이 부서지지 않고 깨끗하며 충전수가 맑은 제품 위주로 골라 구입합니다.

통조림 시간이 지나도 영양 손실 없이 보관할 수 있고 손질도 이미 되어 있어 사용하기 편합니다. 통조림은 식품 첨가물이 없거나 최소화된 제품으로 골라 주세요. 통조림 용기가 부풀거나 찌그러졌을 때는 보툴리눔 독소가 발생할 수 있어 사용하지 않습니다. 통조림 재료는 조리하기 전에 뜨거운 물에 살짝 데치거나 헹궈 주는 것이 좋습니다.

(추천) 비비베르데 유기농 통조림, 리오마레 참치, 오뚜기 원래참치, 자연드림 통참치

어묵과 게맛살 평소 직접 어묵을 만드는 편이지만, 가끔 번거로울 때는 시판 제품을 쓰기도 합니다. 어묵과 게맛살은 연육 함량 80% 이상인 제품만을 사용합니다. 연육 함량이 높을수록 쫄깃하고 맛이 좋아요.

(추천) 오마뎅 순살어묵, 한성 크래미

떡국떡 우리에게 익숙한 어슷썰기 가래떡도 있지만, 아이들이 좋아하는 형형색색의 떡국떡도 있습니다. 하트, 곰돌이, 토끼, 꽃 모양 등 다양해서 번갈아 가며 구입해요. 냉동 보관이 가능해 오래 보관할 수 있답니다.

(추천) 쌀집아줌마

올리브유 올리브 열매에서 추출한 식물성 기름입니다. 수확 후 곧바로 저온 압착해 얻은, 산도가 낮은 엑스트라 버진 올리브유를 추천해요. 올리브유는 비타민 E 등 항산화 성분을 함유하고 있어 쉽게 산화되지 않고 트랜스 지방이 적습니다. 올리브유는 엽록소 탓에 녹색을 띠는데, 엽록소는 빛을 모으는 성질이 있어 산패 방지를 위해 어두운 유리병에 담긴 올리브유를 구입해야 합니다.

(추천) 데체코 올리오 엑스트라 버진 올리브유, 널리브 아르베키노 엑스트라 버진 올리브유

현미유 현미를 도정해 백미로 만들 때 부산물인 쌀겨, 미강에서 추출한 식물성 기름입니다. 식물성 기름 중에서도 포화 지방산이 적고 불포화 지방산이 많아 건강에 좋은 기름으로 알려져 있어요. 올리브유보다 발연점이 높고 다른 기름에 비해 흡수율이 적어 유아식 전, 튀김 요리에 적합합니다.

(추천) 라온 현미유, 프리미엄 리지 현미유

아기 간장, 아기 된장 간장과 된장을 고를 때는 식품 유형이 한식(전통)인지 또 국산 콩으로 만들었는지를 꼭 확인합니다. 간장은 제조 방식에 따라 전통 간장과 산 분해 간장으로 나뉘는데, 산 분해 간장은 염산을 이용해 콩을 분해합니다. 염산 중화 과정에서 첨가물이 추가되고, 염산 분해 과정에서 발암물질이 생성돼 사용하지 않습니다. 한식 간장과 된장은 대두와 소금을 제외하고 별다른 첨가물이 들어가지 않아요. 다만 주원료인 콩이 외국산일 경우 GMO 식품일 수도 있어 피하는 편입니다.

(추천) 샘표 우리아이 순한간장, 아이배냇 순창 한식 된장

아기 소금 아이가 24개월이 지나고 음식에 간을 늘리면서 아기 소금을 조금씩 사용했습니다. 유아식에는 청정 호주산 호주염으로 만든 아기 소금을 넣습니다. 아기 소금은 1~2꼬집만 넣어도 충분합니다. 24개월 이후부터 간을 시작하는 것이 좋지만, 아이마다 다르기 때문에 나트륨과 칼륨의 균형이 맞도록 해 주세요. 미네랄과 항산화 성분이 든 죽염도 아기 소금 대신 사용할 수 있습니다.

(추천) 아이배냇 순소금, 인산가 죽염

아가베 시럽 아가베 선인장에서 추출한 수액으로 만든 달콤한 시럽입니다. 설탕보다 칼로리와 혈당지수(GI)가 낮아 대체품으로 쓰이는 천연당입니다. 아가베 시럽은 설탕보다 약 1.5배 강한 단맛을 가지고 있어 소량만 사용해도 충분히 단맛을 낼 수 있습니다. 이 외 대체당으로 알룰로스, 조청, 비정제 설탕(마스코바도) 등이 있습니다.

(추천) 커클랜드 시그니처 블루 아가베 시럽

굴소스 색다른 감칠맛을 낼 때 사용합니다. 아기 간장으로 충분하지만, 가끔 굴소스를 사용하면 아이 입맛을 자극해 줄 수 있어요. 엄마들이 굴소스 사용을 꺼리는 이유 중 하나가 바로 설탕과 식품 첨가물 때문일 텐데요. 식품 첨가물 없는 저당 굴소스도 있습니다. 그중 마야항아리 굴소스는 농도가 진한 편이라 소량만 사용해도 충분해요.

(추천) 다온 저염 굴소스, 마야항아리 굴소스

토마토소스 생토마토 대신 넣기 좋습니다. 식품 첨가물, 설탕, 물 없이 토마토 원물만 들어간 제품을 사용하면 원재료의 맛을 고스란히 느낄 수 있어요. 생토마토를 썰어 넣는 것보다 색감이 좋아 자주 사용하는 편입니다.

(추천) 포미 토마토소스

베이비채수
Baby Vegesoup
만능채수

베이비채수
Baby Vegesoup
만능채수

· 엄마의 마음을 담아 ·

수 그리다

국내산 채소, 원물100%의 깊은 맛
친환경 PLA필터로 안전합니다.

담은수

畓:갈묘넘춘 閨:춘화빤

울 곰은 채수이야기 처음먹는 엄선한 원물의

HACCP

HEALTH ON NATURE

국내산 100% 원물100%

양파, 대파, 당근, 무, 건표고버섯, 애호박

20 g (2 g x 10 t)

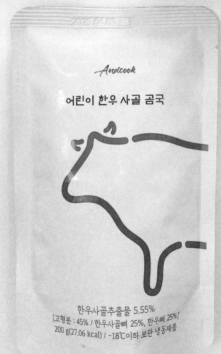

Andcook

어린이 한우 사골 곰국

한우사골추출물 5.55%
[고형분: 45% / 한우사골뼈 25%, 한우뼈 25%]
200 g(27.06 kcal) / -18℃이하 보관 냉동제품

채수 이유식을 만들 때부터 즐겨 찾은 재료입니다. 채수를 넣으면 별다른 간을 하지 않아도 감칠맛을 살릴 수 있어요. 유아식 초기, 무염식을 만들 때 깔끔하고 담백한 맛을 내는 데 도움을 주었습니다. 채수는 식품 첨가물 없이 국내산 원물(채소와 과일)로 순수하게 우린 제품만을 쓰고 있어요. 1팩에 120㎖씩 소분해 보관도, 사용도 편리하답니다. 종이 주머니에 말린 채소를 담아 직접 우려내는 제품도 있는데요. 혹시 모를 상황을 대비해 티백 제품도 구비해 두는 편입니다.

(추천) 베이비채수, 담은수

사골 육수 사골은 각종 아미노산과 미네랄을 보충하는 훌륭한 공급원입니다. 나트륨, 마그네슘, 아연, 칼륨 등이 풍부해 수분과 에너지 보충에도 큰 도움이 됩니다. 시중에 판매되는 사골 육수 중 식품 첨가물이 없고, 무항생제 한우 사골 추출물인 제품을 선택해 사용하고 있어요. 1팩에 200g으로 냉동고에 보관하며 사용하기 편리합니다.

(추천) 앤쿡 어린이 한우 사골 곰국

계량법

- 계량스푼은 1큰술 15ml, 1/2큰술 10ml, 1/3큰술 5ml를 기준으로 합니다.
- 1/3큰술보다 작은 계량은 '꼬집' 또는 '소량'이라 표현했습니다.

기계 설정

- 전자레인지 출력 1,000W 기준으로 조리 시간을 표시합니다.

위생 관리

- 조리하기 전에 손을 깨끗이 씻습니다.
- 채소와 과일은 별도 표시가 없더라도 세척한 후 사용합니다.
- 교차 오염을 방지하기 위해 칼과 도마를 구분해 사용하거나 세척해 사용합니다.
- 완성된 요리는 상온 방치를 금지하고 2시간 이내로 섭취합니다.

냉장, 냉동 보관

- 완성 요리는 충분히 식힌 후 냉장, 냉동 보관합니다. 뜨거운 음식을 그대로 넣으면 내부 온도가 상승해 다른 음식도 상할 수 있어요. 1회 분량으로 나누어 담고 밀봉해 차가운 물 또는 얼음을 채운 볼에 넣어 빠르게 식히는 방법도 있습니다.
- 냉장고는 0~10도, 냉동고는 -18도 이하로 설정하고 완성 요리는 상단 안쪽에 보관합니다. 문과 가깝게 두면 여닫을 때 온도 변화로 인해 음식이 쉽게 변질될 수 있습니다.
- 냉동 보관 해도 괜찮은 메뉴는 Tip에 표시해 두었습니다. 되도록 빠른 기간 내 소진하는 편이 좋아요. 냉장 보관은 1~2일 이내, 냉동 보관은 2주를 넘기지 않도록 합니다. 너무 오래 보관하면 음식 본연의 맛을 잃게 돼요.
- 완성 요리의 명칭과 조리 날짜를 적어 보관하면 알아보기가 쉬워 빠르게 소진할 수 있습니다. 식품별 냉장, 냉동 보관 기간은 다음 장 표를 참고해 주세요.

냉동 재료 및 요리 해동하는 법

- 육류와 해산물 등 날 것은 냉장고로 옮겨 천천히 해동합니다. 급하게 사용해야 할 때는 밀봉한 상태로 흐르는 물에 해동해 주세요.
- 냉동실 비상 반찬인 미트볼, 떡갈비, 돈가스, 커틀릿 등은 냉장고로 옮겨 해동하거나 에어프라이어 또는 프라이팬에 서서히 익혀 해동해 주세요.
- 냉동된 완성 요리는 전자레인지로 한 차례 해동한 후 데워 주세요.

식품별 냉장 보관 권장 기간

(출처: 식품의약품안전처)

식품의 종류	냉장 보관 권장 기간
햄버거	1~2일
익히지 않은 식육 및 해산물	1~2일
닭튀김	3~4일
수프, 국	3~4일
조리된 식육 및 해산물	3~5일
햄, 베이컨	5~7일
요구르트	7~14일
크림치즈	2주
달걀	3~5주
버터	1~3달
마요네즈	개봉 후 2개월 이내

식품별 냉동 보관 권장 기간

(출처: 식품의약품안전처)

식품의 종류	냉동 보관 권장 기간
생선(익힌 것)	1개월
생선(익히지 않은 것)	2~3개월
해산물(익히지 않은 것)	2~3개월
소고기(익힌 것)	2~3개월
소고기(익히지 않은 것)	6~12개월
닭고기(익히지 않은 것)	12개월
부위별 절단된 닭(익히지 않은 것)	9개월
닭 내장(익히지 않은 것)	3~4개월
베이컨, 소시지, 햄, 핫도그	1~2개월
옥수수, 당근, 건조 완두콩	8개월

Part

1

볶음밥과 덮밥

한 그릇으로 쉽고 빠르게 만들 수 있는 볶음밥과 덮밥 메뉴입니다. 한 그릇 요리일지라도 다양한 단백질과 식이 섬유를 더해 영양을 부족함 없이 채웠어요. 시간이 부족하거나 재료가 많지 않을 때 간단하게 만들기 좋은 메뉴랍니다.

소고기가지토마토 볶음밥

토마토를 싫어하는 아이에게 토마토를 조금이라도 먹이고 싶어 만든 볶음밥입니다. 가지와 토마토가 잘 어우러져 풍미가 좋아요.

재료   1인분

쌀밥 110g
소고기 다짐육 50g
가지 30g
양파 20g
올리브유 적당량
토마토소스 3큰술
아기 간장 1/3큰술
아가베 시럽 1/3큰술

만드는 법   조리 시간 10분

1 소고기 다짐육을 준비하고 가지와 양파
는 잘게 다져요.

2 달군 프라이팬에 올리브유를 두르고 ①
을 중불에서 3~4분간 볶아요.

3 토마토소스, 아기 간장, 아가베 시럽을
넣고 1분간 저으며 볶아요.

4 쌀밥을 넣고 1분간 볶아요.

TIP 토마토소스 대신 방울토마토 또는 생토마토 50g을 잘게 다져 넣어도 돼요.

소고기마늘종
볶음밥

아삭한 마늘종을 아이에게 맛있게 먹일 수 있는 볶음밥입니다. 온 가족 한 끼를 책임질 수 있는 메뉴입니다.

재료   1인분

쌀밥 100g

소고기 다짐육 50~60g

달걀 1개

마늘종 20g

양파 15g

홍파프리카(또는 당근) 10g

다진 마늘 1/3큰술

올리브유 적당량

아기 간장(또는 굴소스) 1/3큰술

아가베 시럽 1/3큰술

응용 레시피

마늘종 대신 오이의 껍질을 제거해 잘게 다져 넣으면 **소고기 오이볶음밥**이 됩니다.

만드는 법   조리 시간 15분

1   소고기 다짐육을 준비하고 달걀은 풀어주고 마늘종, 양파, 홍파프리카는 잘게 다져요.

2   프라이팬에 올리브유를 두르고 다진 마늘과 양파를 넣고 볶다가 소고기 다짐육, 마늘종, 홍파프리카를 넣어 중약불에서 볶아요.

3   쌀밥, 아기 간장, 아가베 시럽을 넣어 1분간 볶고 그릇에 옮겨 담아요.

4   달군 프라이팬에 올리브유를 두르고 달걀물을 중약불에서 휘저으며 1분간 익히고 ③에 올려요.

TIP   소고기 대신 닭고기, 돼지고기를 넣어도 돼요. 어른 볶음밥에는 ②에 고춧가루 1/2큰술을, ③에 진간장 1/3큰술을 추가해 주세요.

소고기애호박치즈볶음밥

소고기와 애호박을 함께 볶아 고소한 볶음밥입니다.
애호박만 볶아도 달짝지근하고 고소하지만 소고기를 넣어 감칠맛을 더했어요.
간단하지만 맛있어서 아이가 좋아해요.

재료   1인분

쌀밥 100g

소고기 다짐육 50g

애호박 40g

올리브유 적당량

아기 간장 1/2큰술

아가베 시럽 1/2큰술

아기 치즈 1장

만드는 법

1   소고기 다짐육과 아기 치즈를 준비하고 애호박은 잘게 다져요.

2   프라이팬에 올리브유를 두르고 소고기 다짐육, 아기 간장, 아가베 시럽을 넣어 중불에서 1분간 볶아요.

3   애호박을 넣고 2분간 볶아요.

4   쌀밥을 넣어 1분간 볶은 후 내열 용기에 옮겨 담아요.

5   아기 치즈를 올리고 전자레인지에 30초간 돌려요.

TIP   애호박 대신 양파, 당근, 버섯 등을 넣어도 돼요. 단, 한 가지 채소만 사용해 주세요.

돈육감자버터볶음밥

감자와 버터가 만나 고소한 버터 향이 솔솔 느껴지는 볶음밥에
돼지고기를 넣어 단백질도 채웠어요. 볶음밥을 싫어하는 아이를 위해
반찬으로도 만들어 보았답니다.

재료 1인분

쌀밥 100g

돼지고기 다짐육 60g

감자 70g

파프리카 15g

브로콜리 5g

물(또는 채수) 100ml

무염버터 7g

아기 간장 1/3큰술

아가베 시럽 1/3큰술

만드는 법 조리 시간 15분

1 돼지고기 다짐육을 준비하고 감자, 파프리카, 브로콜리는 잘게 다져요.

2 프라이팬에 물을 붓고 감자를 넣어 물기가 없어질 때까지 중불에서 6분간 끓여요.

3 돼지고기 다짐육, 파프리카, 브로콜리, 무염버터를 넣고 3분간 볶아요.

4 아기 간장, 아가베 시럽을 넣고 1분간 볶아요. * 돈육감자버터볶음 완성

5 불을 끄고 쌀밥을 넣어 골고루 섞어요.

TIP 돼지고기 대신 소고기, 닭고기, 새우를 넣어도 돼요.

돈육가지볶음밥

아이에게 거부감 없이 가지를 먹일 수 있는 볶음밥이에요. 돼지고기와 가지를 함께 볶아 식감이 부드럽고 맛은 고소해요. 너무 간단하고 맛있어요.

재료   1인분

쌀밥 100g
돼지고기 다짐육 55g
가지 30g
올리브유 적당량
아기 간장(또는 굴소스) 1/2큰술
아가베 시럽 1/3큰술

만드는 법   조리 시간 10분

1 돼지고기 다짐육을 준비하고 가지는 잘
게 다져요.

2 달군 프라이팬에 올리브유를 두르고 ①
을 중불에서 3~4분간 볶아요.

3 쌀밥, 아기 간장, 아가베 시럽을 넣고
1~2분간 볶아요.

 TIP 돼지고기 대신 소고기나 닭고기를 넣어도 돼요.

훈제오리야채
볶음밥

재료
1인분

쌀밥 100g

훈제오리 50~60g

양파 20g

애호박 20g

당근 10g

아기 간장(또는 굴소스) 1/3큰술

쫄깃하고 고소한 훈제오리를 사용해 쉽고 빠르게 만들 수 있는 볶음밥이에요. 시간이 없을 때 만들어 아이와 어른 모두가 맛있게 먹을 수 있는 메뉴입니다.

만드는 법
조리 시간 10분

1   훈제오리, 양파, 애호박, 당근은 잘게 다 져요.

2   달군 프라이팬에 ①을 넣고 중불에서 3~4분간 볶아요.

3   불을 끄고 쌀밥과 아기 간장을 넣어 골 고루 섞다가 다시 불을 켜 1분간 볶아요.

TIP 훈제오리에서 기름이 나오니 별도로 기름을 넣지 않아도 괜찮아요. 훈제오리 자체에 간이 되 어 있어 소스를 제외해도 맛있답니다. 통조림 옥수수를 넣으면 톡톡 씹히는 재미가 있어요.

닭안심카레볶음밥

닭안심과 카레 가루를 함께 볶아낸 볶음밥입니다. 간단하면서도 맛은 끝내주는
볶음밥이에요. 어른들도 맛있게 먹을 수 있어요.

재료
1인분

쌀밥 100g

닭안심 50g

양파 15g

애호박 10g

당근 10g

올리브유 적당량

물 2큰술

카레 가루 1큰술

만드는 법

1 닭안심은 근막과 힘줄을 제거해 깍둑썰기 하고 양파, 애호박, 당근은 잘게 다져요.

2 달군 프라이팬에 올리브유를 두르고 ①의 채소를 중불에서 2분간 볶아요.

3 닭안심을 넣고 2~3분간 볶아요.

4 물과 카레 가루를 넣고 섞어요.

응용 레시피

닭안심을 빼고 조리한 뒤 스크램블에그를 만들어 카레 위에 올리면 **달걀카레덮밥**이 됩니다.

5 쌀밥을 넣고 1분간 볶아요.

연어구이&야채볶음밥

슈퍼푸드로 알려진 연어를 구워 올린 영양 가득한 볶음밥이에요.
아이에게 영양을 채워주고 싶을 때 한 그릇 만들어 보세요. 생선을 싫어하는
아이도 볶음밥과 함께 주면 잘 먹습니다.

재료　　　　　　　　1인분

쌀밥 80g

연어 순살 60g

감자 70g

양파 25g

애호박 25g

당근 15g

올리브유 적당량

아기 간장(또는 굴소스) 1/3큰술

무염버터 10g

만드는 법　　　　　　　　

1　연어 순살을 준비하고 감자, 양파, 애호박, 당근은 잘게 다져요.

2　달군 프라이팬에 올리브유를 두르고 ①의 채소를 중불에서 3~4분간 볶아요.

3　쌀밥을 섞고 아기 간장을 추가해 1분간 볶다가 그릇에 옮겨 담아요. * 야채볶음밥 완성

4　달군 프라이팬에 연어 순살과 무염버터 5g을 넣고 중불에서 4분간 구워요.

5　무염버터 5g을 추가해 연어 순살을 뒤집어 3분간 굽다가 야채볶음밥에 올려요.

TIP　연어 대신 가자미나 소고기를 넣어도 돼요. 생선을 거부하는 아이에게는 생선을 으깨서 밥에 섞어 주세요. 연어를 깍둑썰기 해 구우면 조리 시간을 단축할 수 있어요.

크래미달걀볶음밥

크래미와 달걀로 만든 초간단 한 그릇 요리입니다. 만드는 방법이 간단해서 쉽고 빠르게 만들 수 있답니다. 단백질이 듬뿍 담긴 든든한 한 끼입니다.

재료 1인분

쌀밥 90g

크래미 50g

달걀 1개

대파 10g

올리브유 적당량

아기 간장(또는 굴소스) 1/3큰술

만드는 법 조리 시간 10분

1 크래미는 손으로 잘게 찢고 달걀은 풀어 준비하고 대파는 잘게 다져요.

2 달군 프라이팬에 올리브유를 두르고 대파를 중불에서 2분간 볶아요.

3 달걀물을 넣고 10초간 휘저어요.

4 크래미를 넣고 20초간 볶아요.

5 쌀밥과 아기 간장을 넣고 볶아요.

TIP 유아식 초기에는 크래미 대신 게살을 넣고 대파 대신 부추, 애호박, 브로콜리를 넣어 주세요. 마지막에 참기름과 통깨를 넣으면 더욱 고소해져요.

참치옥수수볶음밥

고소한 참치와 톡톡 터지는 옥수수의 조합. 맛도 식감도 좋은 볶음밥이에요.
아이가 옥수수를 좋아해서 간단하게 만들어 봤는데 너무 잘 먹었어요.
바쁜 아침에 간단하게 해주기 좋아요.

재료
1인분

쌀밥 100g

통조림 참치 40g

통조림 옥수수 2큰술

양파 10g

당근 10g

대파 5g

올리브유 적당량

아기 간장(또는 굴소스) 1/3큰술

만드는 법

1 통조림 참치와 옥수수는 물을 버리고 양파, 당근, 대파는 잘게 다져요.

2 달군 프라이팬에 올리브유를 두르고 ①의 채소를 중불에서 3~4분간 볶아요.

3 통조림 참치와 옥수수, 쌀밥을 넣고 1분간 볶아요.

4 아기 간장을 넣고 볶아요.

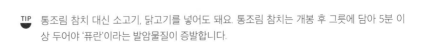 **TIP** 통조림 참치 대신 소고기, 닭고기를 넣어도 돼요. 통조림 참치는 개봉 후 그릇에 담아 5분 이상 두어야 '퓨란'이라는 발암물질이 증발합니다.

달걀어묵볶음밥

단백질이 듬뿍 담긴 볶음밥입니다. 냉장고에서 흔히 볼 수 있는 식재료로
간단하게 만들어 봤어요. 아이들이 좋아할 수밖에 없는 맛이에요.
간단하고 빠르게 만들어 보세요.

재료 1인분

쌀밥 90g

어묵 40g

달걀 1개

당근 7g

대파 7g

올리브유 적당량

아기 간장 1/3큰술

만드는 법 조리 시간 10분

1 어묵은 1cm 크기로 자르고 달걀은 풀어 주고 당근과 대파는 잘게 다져요.

2 프라이팬에 올리브유를 두르고 ①의 채소를 중약불에서 1분간 볶아요.

3 어묵을 넣고 1분간 볶아요.

4 쌀밥과 아기 간장을 넣어 볶다가 그릇에 옮겨 담아요.

5 달군 프라이팬에 올리브유를 두르고 달걀물을 중약불에서 휘저으며 1분간 익히고 ④에 올려요.

TIP 조금 더 간단하게 ④에서 달걀물과 함께 볶는 방법도 있어요.

파인애플새우볶음밥

영양 가득한 새우와 파인애플로 만든 볶음밥입니다.
새우와 파인애플 조합은 찰떡궁합입니다.
달걀을 넣어 단백질도 채우고 부드러움을 더했어요.

재료

재료 1인분

쌀밥 90g

칵테일 새우 40g

후룻볼 파인애플 25g

달걀 1개

양파 15g

브로콜리(또는 피망) 7g

당근(또는 홍파프리카) 7g

올리브유 적당량

아기 간장(또는 굴소스) 1/3큰술

응용 레시피

칵테일 새우 대신 소고기 다짐
육 50g을 넣으면 **파인애플소고
기볶음밥**이 됩니다.

만드는 법

조리 시간 10분

1 칵테일 새우와 후룻볼 파인애플은 3~4
등분하고 달걀은 풀어주고 양파, 브로콜리,
당근은 잘게 다져요.

2 프라이팬에 올리브유를 두르고 ①의 채
소를 중약불에서 1분간 볶아요.

3 칵테일 새우를 넣고 2분간 볶아요.

4 불을 끄고 쌀밥을 넣어 골고루 섞다가
프라이팬 한쪽으로 밀어요.

5 다시 불을 켜 올리브유를 두르고 달걀물
을 중약불에서 1분간 휘저어요.

6 후룻볼 파인애플과 아기 간장을 넣고 모
두 1분간 볶아요.

TIP 후룻볼 파인애플 대신 잘 익은 파인애플을 넣어도 돼요.

소고기표고버섯덮밥

단백질과 철분이 가득한 소고기와 표고버섯으로 간단하게 만든 덮밥이에요.
감칠맛 나는 소고기에 향긋한 표고버섯 향이 더해져 더욱 맛있어요.
덮밥 한 그릇으로 우리 아이의 영양을 채워주세요.

쌀밥 110g

소고기 안심 60g

표고버섯(또는 양송이버섯) 20g

올리브유 적당량

채수 130ml

아기 간장 1/2큰술

아가베 시럽 1/3큰술

전분물 1큰술

참기름 1/3큰술

만드는 법

1 소고기 안심은 먹기 좋은 크기로 자르고 표고버섯은 1~2cm 크기로 깍둑썰기 해요.

2 프라이팬에 올리브유를 두르고 ①을 중불에서 2분간 볶아요.

3 채수를 붓고 아기 간장, 아가베 시럽을 넣어 끓여요.

4 채수가 끓어오르면 전분물을 넣어 저어 주고 30초간 끓여요.

5 참기름을 넣고 마무리한 후 쌀밥 위에 올려 완성해요.

TIP 전분물은 전분 1/2큰술과 물 1큰술을 섞어 사용해 주세요. 양파, 당근, 애호박 등 다른 채소를 추가로 넣어도 좋아요. 소고기 안심 대신 다짐육이나 등심을 넣어도 돼요.

돈육느타리버섯덮밥

돼지고기와 느타리버섯이 만나 향긋하고 씹히는 맛도 좋은 덮밥이 탄생했어요.
만드는 과정이 간단해서 바쁠 때 만들기 좋아요.

재료 2인분

쌀밥 200g

돼지고기 등심(잡채용) 60g

느타리버섯 40g

양파 15g

당근 8g

올리브유 적당량

아기 간장(또는 굴소스) 1/3큰술

채수 180ml

전분물 1큰술

참기름 소량

만드는 법 조리 시간 10분

1 돼지고기 등심은 먹기 좋은 크기로 자르고 느타리버섯은 잘게 찢고 양파와 당근은 채 썰어요.

2 프라이팬에 올리브유를 두르고 ①을 중약불에서 3~4분간 볶아요.

3 아기 간장을 넣고 1분간 볶아요.

4 채수를 붓고 2~3분간 끓여요.

5 전분물을 넣어 저어 주고 1분간 끓이다가 참기름을 넣어 마무리한 후 쌀밥 위에 올려 완성해요.

TIP 전분물은 전분 1/2큰술과 물 1큰술을 섞어 사용해 주세요. 돼지고기 등심 대신 다짐육을 넣어도 돼요.

마파두부덮밥

돼지고기를 듬뿍 넣고 부드러운 두부와 함께 볶아낸 덮밥입니다.
두반장 없이 유아식에 맞게 만들어 보았어요. 한 그릇으로도 영양이 가득해요.

재료 2인분

쌀밥 200g

돼지고기 다짐육 60g

두부 120g

양파 20g

홍파프리카(또는 당근) 10g

부추(또는 애호박) 5g

올리브유 적당량

채수(또는 물) 200ml

전분물 1큰술

참기름 1/2큰술

소스

아기 된장 1/3큰술

아기 간장 1/3큰술

아가베 시럽 1/3큰술

만드는 법 조리 시간 15분

1 돼지고기 다짐육을 준비하고 두부는 1~2cm 크기로 깍둑썰기 하고 양파, 홍파프리카, 부추는 잘게 다져요.

2 볼에 아기 된장, 아기 간장, 아가베 시럽을 넣고 섞어요.

3 프라이팬에 올리브유를 두르고 돼지고기 다짐육을 중약불에서 2분간 볶아요.

4 두부를 넣고 깨지지 않도록 살살 2분간 볶아요.

5 채수를 붓고 ②의 소스, 양파, 홍파프리카, 부추를 넣어 6~7분간 끓여요.

6 전분물을 넣어 저어 주고 1분간 끓이다가 참기름을 넣어 마무리한 후 쌀밥 위에 올려 완성해요.

TIP 전분물은 전분 1/2큰술과 물 1큰술을 섞어 사용해 주세요. 아기 간장과 아가베 시럽 대신 굴소스 1/2큰술을 넣어도 돼요. 마파두부덮밥 소스는 소분해 냉동 보관해 주세요(2주 이내 소진).

돈가스덮밥

돈가스와 달걀이 만나 부드럽고 촉촉한, 단백질 가득한
한 그릇 덮밥입니다. 미리 만들어 둔 돈가스로 덮밥을 만들어 주세요.
아이와 어른이 함께 먹어도 맛있어요.

재료

1인분

쌀밥 90g

돈가스 100g(308쪽 참고)

달걀 1개

양파 30g

대파(또는 쪽파) 소량

현미유 적당량

채수 120ml

아기 간장 1/2큰술

만드는 법

1 미리 만들어 둔 돈가스를 준비하고 달걀은 풀어요. 양파는 채 썰고 대파는 잘게 다져요.

2 달군 프라이팬에 현미유를 넉넉히 두르고 돈가스를 중불에서 앞뒤로 4~5분간 튀겨요.

3 다른 프라이팬에 채수를 붓고 양파와 아기 간장을 넣어 3~4분간 끓여요.

4 ②의 돈가스를 잘라 넣고 달걀물과 다진 대파를 넣어 2분간 끓여 마무리한 후 쌀밥 위에 올려 완성해요.

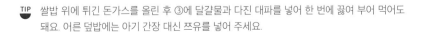

TIP 쌀밥 위에 튀긴 돈가스를 올린 후 ③에 달걀물과 다진 대파를 넣어 한 번에 끓여 부어 먹어도 돼요. 어른 덮밥에는 아기 간장 대신 쯔유를 넣어 주세요.

라구소스덮밥

라구소스는 어디든 잘 어울리는 만능 소스입니다. 소고기와 채소를 볶아
푹 끓여내 부드럽고, 토마토의 새콤달콤함이 감칠맛을 더해 줘요.
라구소스 하나만 있으면 다양한 요리가 가능해요.

쌀밥 400g

소고기 다짐육 200g

양파 50g

애호박 35g

당근 20g

브로콜리 20g

무염버터 5~10g

채수(또는 물) 200ml

토마토소스 150g

아기 간장 1큰술

아가베 시럽 1.5큰술

만드는 법

1 소고기 다짐육을 준비하고 양파, 애호박, 당근, 브로콜리는 아주 잘게 다져요.

2 프라이팬에 무염버터와 ①의 채소를 넣고 중약불에서 2분간 볶아요.

3 소고기 다짐육을 넣고 으깨가며 3분간 볶아요.

4 채수를 붓고 토마토소스, 아기 간장, 아가베 시럽을 넣어 8~9분간 끓여 마무리한 후 쌀밥 위에 올려 완성해요.

응용 레시피

스파게티나 푸실리 400g을 10분간 삶아 라구소스 150ml와 끓이면 **라구파스타**가 됩니다.

라구소스 150ml, 쌀밥 100g, 아기 치즈 1장을 넣고 1~2분간 끓이면 **라구리소토**가 됩니다.

TIP 라구소스는 소분해 냉동 보관해 주세요(2주 이내 소진).

닭다리살구이덮밥

부드러운 닭다리살이 가득 담긴 한 그릇 덮밥입니다.
면역력에 좋은 닭다리살로 만들어 아이가 입맛이 없을 때 먹이기 좋고
레시피도 간단해서 만들기 편해요.

재료

쌀밥 100g

닭다리살 70g

양파 20g

파프리카 15g

올리브유 적당량

채수 120ml

아기 간장 1/2큰술

아가베 시럽 1/2큰술

전분물 1큰술

만드는 법

1 닭다리살은 2~3cm 크기로 자르고, 양파 와 파프리카는 1cm 크기로 깍둑썰기 해요.

2 달군 프라이팬에 올리브유를 두르고 닭 다리살을 중불에서 앞뒤로 2~3분간 구워요.

3 양파를 넣고 1분간 볶아요.

4 채수를 붓고 파프리카, 아기 간장, 아가 베 시럽을 넣어 3분간 끓여요.

5 전분물을 넣어 저어 주고 1분간 끓여 마 무리한 후 쌀밥 위에 올려 완성해요.

TIP 전분물은 전분 1/2큰술과 물 1큰술을 섞어 사용해 주세요.

닭안심배추덮밥

닭안심의 담백함과 배추의 고소함으로 무장한 덮밥입니다.
부드러워 목 넘김도 좋아요. 아이가 싫어하는 채소가 있다면 잘게 썰어
함께 넣어주세요. 아주 잘 먹을 거예요.

재료
1인분

쌀밥 100g
닭안심 65g
배추 30g
올리브유 적당량
채수 150ml
아기 간장 1/3큰술
전분물 1큰술

만드는 법

1 닭안심은 근막과 힘줄을 제거해 먹기 좋은 크기로 자르고 배추는 잘게 썰어요.

2 프라이팬에 올리브유를 두르고 닭안심을 중불에서 2~3분간 볶아요.

3 배추를 넣고 30초간 볶아요.

4 채수를 붓고 아기 간장을 넣어 3~4분간 끓여요.

5 전분물을 넣어 저어 주고 1분간 끓여 마무리한 후 쌀밥 위에 올려 완성해요.

응용 레시피

④에 들깻가루 1/2큰술을 추가해 끓이면 **닭안심들깨배추덮밥**이 됩니다.

아기 간장 1/3큰술 대신 데리야키 소스 1/2큰술을 넣으면 **닭안심데리야키덮밥**이 됩니다.

TIP 전분물은 전분 1/2큰술과 물 1큰술을 섞어 사용해 주세요. 닭안심 대신 닭다리살, 닭가슴살을 사용해도 돼요.

오야코동

오야코는 부모와 자식이라는 뜻으로 닭과 달걀이 요리에 함께 들어가 붙여진 이름입니다. 닭다리살과 달걀을 넣어 맛도 좋고 식감도 부드러운 덮밥입니다.

재료　　1인분

쌀밥 100g

닭다리살 100g

달걀 1개

양파 30g

쪽파(또는 대파) 3g

올리브유 적당량

채수(또는 물) 150ml

아기 간장 1/2큰술

만드는 법

1 닭다리살은 2~3cm 크기로 자르고 달걀은 풀어요. 양파는 채 썰고 쪽파는 잘게 다져요.

2 달군 프라이팬에 올리브유를 두르고 닭다리살을 중불에서 앞뒤로 4~5분간 구워요.

3 양파를 넣고 2분간 볶아요.

4 채수를 붓고 아기 간장을 넣어 중불에서 3~4분간 끓여요.

5 달걀물을 두르고 쪽파를 올린 후 중약불에서 그대로 1~2분간 끓여 마무리한 후 쌀밥 위에 올려 완성해요.

TIP 어른 덮밥에는 아기 간장 대신 쯔유를 넣어 주세요.

크래미달걀부추덮밥

크래미와 달걀을 더해 단백질이 가득하고 부드러운 덮밥입니다.
철분이 많은 부추를 넣어 영양을 채웠어요. 쉽고 빠르게 만들 수 있는
한 그릇 덮밥으로 추천해요.

쌀밥 100g

크래미 40g

달걀 1개

부추 8g

채수 130ml

아기 간장 1/2큰술

전분물 1큰술

1   크래미는 손으로 잘게 찢고 달걀은 풀어 주고 부추는 2cm 길이로 잘라요.

2   볼에 ①을 모두 넣고 섞어요.

3   프라이팬에 채수를 붓고 아기 간장을 넣어 중약불에서 1분간 끓여요.

4   채수가 끓어오르면 ②를 넣고 그대로 1분간 끓여요.

5   전분물을 가장자리에 두르고 저어 주면서 1분간 끓여 마무리한 후 쌀밥 위에 올려 완성해요.

TIP   전분물은 전분 1/2큰술과 물 1큰술을 섞어 사용해 주세요. 어른 덮밥에는 아기 간장 대신 쯔유를 넣어 주세요.

오징어야채덮밥

오징어를 넣어 풍미가 넘치는 덮밥입니다. 부드럽고 쫄깃한 오징어의 맛과 향이 느껴져 냄새부터 맛있어요. 어른도 함께 먹기 좋아요.

재료   1인분

쌀밥 100g
오징어 40g
애호박 20g
양파 20g
당근 10g
채수 200ml
아기 간장(또는 굴소스) 1/3큰술
전분물 1큰술
참기름 소량

만드는 법   조리 시간 10분

1 오징어, 애호박, 양파, 당근은 0.5cm 크기로 깍둑썰기 해요.

2 냄비에 채수를 붓고 ①을 넣어 중불에서 7분간 끓여요.

3 채수가 반쯤 줄면 아기 간장을 넣어요.

4 전분물을 넣어 저어 주고 1분간 끓이다가 참기름을 넣어 마무리한 후 쌀밥 위에 올려 완성해요.

TIP 전분물은 전분 1/2큰술과 물 1큰술을 섞어 사용해 주세요. 어른 덮밥에는 간을 2배로 해 주세요.

새우애호박덮밥

아이도 어른도 좋아하는 새우로 만든 덮밥입니다. 새우는 면역력과 뇌 건강에 좋은 식재료로 영양도 가득하고 맛도 좋아서 다양하게 요리할 수 있어요.

재료 1인분

쌀밥 100g
새우 55g
애호박 30g
양파 20g
채수 180ml
아기 간장 1/3큰술
전분물 1큰술

만드는 법 조리 시간 10분

1 새우는 껍질과 내장을 제거해 3~4등분하고 애호박과 양파는 작게 깍둑썰기 해요.

2 프라이팬에 채수를 붓고 ①을 넣어 중불에서 6분간 끓여요.

3 아기 간장과 전분물을 넣어 저어 주고 30초간 끓여 마무리한 후 쌀밥 위에 올려 완성해요.

TIP 전분물은 전분 1/2큰술과 물 1큰술을 섞어 사용해 주세요. 새우 대신 오징어, 크래미, 밥새우를 넣어도 돼요. 연두부나 두부를 추가하면 부족한 단백질을 채울 수 있어요.

해물유산슬덮밥

돼지고기와 각종 해산물 그리고 채소까지 다양한 식재료를 사용해서 만든
덮밥입니다. 한 그릇에 영양이 듬뿍 담겨 있어요.

재료　　　　2인분

쌀밥 200g

돼지고기 등심(잡채용) 60g

모둠 해물 60g

표고버섯 15g

양파 15g

당근 10g

팽이버섯 10g

청경채 10g(또는 부추 5g)

올리브유 적당량

다진 마늘 1/3큰술

아기 간장(또는 굴소스) 1/3큰술

채수 150ml

전분물 1큰술

참기름 소량

만드는 법

1　돼지고기 등심과 모둠 해물을 준비하고 표고버섯, 양파, 당근은 채 썰고 팽이버섯, 청경채는 3cm 길이로 잘라요.

2　프라이팬에 올리브유를 두르고 다진 마늘을 중약불에서 1분간 볶다가 돼지고기 등심과 모둠 해물을 넣어 2분간 볶아요.

3　①의 채소를 넣고 1분간 볶다가 아기 간장을 넣어요.

4　채수를 붓고 3~4분간 끓여요.

5　전분물을 넣어 저어 주고 1분간 끓이다가 참기름을 넣어 마무리한 후 쌀밥 위에 올려 완성해요.

TIP　전분물은 전분 1/2큰술과 물 1큰술을 섞어 사용해 주세요. 돼지고기 등심과 모둠 해물 중 하나만 넣어도 돼요. 어른 덮밥에는 굴소스 1/2큰술을 추가로 넣어 주세요.

순두부달걀덮밥

단백질이 풍부한 순두부와 달걀로 만들어 든든하게 한 끼를 먹을 수 있는 덮밥입니다. 만들기 쉽고 영양도 채워줄 수 있어 아이에게 자주 해주는 메뉴입니다.

재료   1인분

쌀밥 90g
순두부 50g
달걀 1개
대파 3g
채수(또는 물) 180ml
아기 간장 1/3큰술
전분물 1큰술
참기름 1/3큰술

만드는 법   조리 시간 10분

1   순두부와 달걀을 준비하고 대파는 잘게 다져요.

2   냄비에 채수를 붓고 끓어오르면 순두부를 아이가 먹기 좋은 크기로 떠 넣어요.

3   달걀은 노른자만 으깨고 대파, 아기 간장과 함께 넣어 그대로 2분간 끓여요.

4   전분물을 넣어 저어 주고 참기름을 넣어 마무리한 후 쌀밥 위에 올려 완성해요.

> **TIP**   버섯, 양배추, 시금치 등 다른 채소를 20~30g 정도 추가해도 맛있어요. 참깨를 으깨 넣어주면 더욱 고소해요.

애호박달걀
치즈덮밥

재료   1인분

쌀밥 100g

애호박 30g

달걀 1개

올리브유 적당량

아기 간장(또는 굴소스) 1/3큰술

아기 치즈 1장

영양 가득 애호박과 단백질 듬뿍 달걀로 만든 덮밥입니다. 고소하고 부드러운 맛에 재료도 간단하고 만드는 방법도 쉬워 바쁜 아침에 요리하기 좋아요.

만드는 법   조리 시간 10분

1   애호박은 잘게 다지고 달걀은 풀어요.

2   프라이팬에 올리브유를 두르고 애호박을 중약불에서 2~3분간 볶아요.

3   달걀물을 넣고 1분간 휘저어요.

4   아기 간장을 넣고 볶아요. 쌀밥 위에 올리고 아기 치즈를 잘라 토핑해요.

TIP   완성한 애호박달걀치즈덮밥을 전자레인지에 30초간 돌리면 더욱 부드럽게 먹을 수 있어요.

Part

2

국과 탕

따뜻한 국물과 푸짐한 건더기를 한 그릇에 담은, 든든한 국과 탕 메뉴입니다. 유아식에서 가장 고민이 많은 메뉴가 국과 탕일 거예요. 번거롭다고 생각할 수 있지만, 아이의 속을 따뜻하게 채워주는 고마운 메뉴랍니다. 단백질이 부족할 때 국을 활용해 채워줄 수도 있어요.

육개장

밥 한 그릇 뚝딱할 수 있는 아기 육개장입니다.
소고기, 달걀, 채소가 더해져 영양이 가득하고 국물도 시원한 국입니다.
영양소가 골고루 들어있어 육개장만 먹어도 속이 든든해요.

재료 3인분

소고기 우둔살 90g
달걀 1개
무 40g
숙주 40g
느타리버섯 30g
물 800ml
양파 1/2개
대파 70g
다진 마늘 1/3큰술
아기 간장 1/2큰술

만드는 법 조리 시간 30분

1 소고기 우둔살은 핏물을 제거하고 달걀은 풀어요. 무는 2~3cm 크기로 나박썰기하고 숙주, 느타리버섯은 3등분해요.

2 냄비에 물을 붓고 소고기 우둔살, 양파, 대파를 넣어 중불에서 15분 이상 끓여요.

3 육수는 체에 거르고 소고기 우둔살은 잘게 찢어요.

4 냄비에 육수를 붓고 소고기 우둔살, 무, 숙주, 느타리버섯을 넣어 중불에서 10분간 끓여요.

5 다진 마늘과 아기 간장을 넣고 3~4분간 끓여요.

6 달걀물을 넣고 그대로 1분간 끓이다가 한 번 저어 마무리해요.

TIP 소고기 우둔살 대신 양지살을, 느타리버섯 대신 표고버섯이나 팽이버섯을 넣어도 돼요. 육수를 끓이는 과정에서 양파와 대파가 없으면 제외해도 괜찮아요.

사골떡국

속이 든든한 떡국이에요. 사골 육수와 모양 떡국떡으로 만드는
아이 맞춤형 떡국입니다. 바쁜 아침이나 주말에 만들어
온 가족이 먹기 좋은 메뉴입니다.

재료   1인분

떡국떡 70g

사골 육수 200ml

아기 소금 2~3꼬집

만드는 법   조리 시간 10분

1   떡국떡은 찬물에 한 번 씻어요.

2   냄비에 사골 육수를 붓고 중불에서 끓여요.

3   사골 육수가 끓어오르면 떡국떡을 넣고 떡국떡이 위로 떠오를 때까지 2분간 끓여요.

4   아기 소금으로 마무리해요.

응용 레시피

완제품 갈비탕에 떡국떡을 넣고 끓이면 **갈비탕떡국**이 됩니다.

완제품 미역국에 떡국떡을 넣고 끓이면 **미역떡국**이 됩니다.

TIP   사골 육수 대신 채수를 사용해도 돼요. 냉동 떡국떡을 해동할 때 지퍼팩에 넣어 찬물에 담그면 떡이 갈라지지 않아요.

새우배춧국

고소한 알배추와 구수한 된장을 넣어 푹 끓여 낸 국입니다. 국이지만 덮밥으로 도 만들 수 있어요.

재료　　　　　2인분

새우 60g
알배추 60g
채수 400ml
다진 마늘 1/3큰술
아기 된장 1/2큰술

응용 레시피

새우배춧국 200ml에 전분물을 1큰술 넣고 끓이면 **새우배추된 장덮밥**이 됩니다.

만드는 법　　　　　　　　　　　　조리 시간 15분

1 새우는 껍질과 내장을 제거해 2cm 크기로 잘라요. 알배추는 잎만 2~3cm 크기로 잘라요.

2 냄비에 채수를 붓고 다진 마늘과 아기 된장을 넣어 중약불에서 2~3분간 끓여요.

3 손질한 새우와 알배추를 넣고 7분간 끓여요.

오징어뭇국

타우린이 풍부하고 단백질 가득한 오징어로 만든 국이에요. 탱탱한 오징어 살을 씹는 맛도 있고 무의 달큼한 맛도 좋아요.

재료　　　　　2~3인분

오징어 75g
무 70g
채수 450ml
다진 마늘 1/3큰술
아기 간장 2/3큰술

만드는 법　　　　　조리 시간 15분

1　오징어는 껍질을 벗겨 2cm 크기로 자르고 무는 2cm 크기로 나박썰기 해요.

2　냄비에 채수를 붓고 무를 넣어 중불에서 10분간 끓여요.

3　손질한 오징어와 다진 마늘을 넣고 2~3분간 끓여요.

4　아기 간장을 넣고 1분간 끓여 마무리해요.

 **TIP**　어른 국에는 꽃게 액젓 1/2큰술을 추가로 넣어 주세요.

가자미들깨미역국

보양식으로도 좋은 가자미를 넣은 미역국이에요.
들깻가루를 넣어 고소한 미역국이 속을 든든하게 채워줘요.
고기 없이도 깔끔하고 깊은 맛이 나요.

재료 3~4인분

건미역 10g

가자미 순살 60g

들기름 1.5큰술

채수(또는 물) 900ml

아기 간장 2.5큰술

다진 마늘 1큰술

들깻가루 1.5큰술

만드는 법 조리 시간 30분

1 가자미 순살을 준비하고 건미역은 잘게 잘라요.

2 건미역은 찬물에 담가 10분 이내로 불리고 한 번 씻어 물기를 제거해요.

3 냄비에 들기름을 두르고 불린 미역을 약불에서 3분간 볶아요.

4 채수를 붓고 아기 간장을 넣어 중불에서 20분 이상 끓여요.

5 가자미 순살, 다진 마늘, 들깻가루를 넣고 중약불에서 5분간 끓여요.

TIP 미역이 흐물흐물해질 때까지 1시간 이상 끓여 주세요. 어른 국에는 꽃게 액젓 1큰술을 넣어 주세요. 완성한 가자미들깨미역국은 소분해 냉동 보관할 수 있어요(2주 이내 소진).

황태두부뭇국

단백질 폭탄이라고 부르는 황태로 만든 국입니다.
아이가 좋아할지 걱정될 수 있지만 의외로 아이들이 좋아하는 메뉴랍니다.
따뜻한 국 한 그릇으로 아이의 속을 채워주세요.

황태포 25g

물 750ml

무 75g

두부 100g

들기름 1큰술

다진 대파 1큰술

다진 마늘 1/3큰술

아기 간장 1.5큰술

1   황태포는 1~2cm 크기로 잘라 잔가시를 제거하고 물 200ml에 10분간 불려요.

2   무는 1~2cm 크기로 나박썰기 하고 두부는 깍둑썰기 해요.

3   냄비에 들기름을 두르고 불린 황태포, 무를 넣어 약불에서 3분간 볶아요.

4   황태포 불린 물 150ml와 물 550ml를 붓고 13분간 끓여요. 중간에 올라오는 불순물은 제거해요.

5   두부, 다진 대파, 다진 마늘, 아기 간장을 넣고 3분간 끓여요.

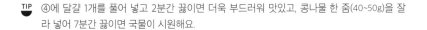

TIP   ④에 달걀 1개를 풀어 넣고 2분간 끓이면 더욱 부드러워 맛있고, 콩나물 한 줌(40~50g)을 잘라 넣어 7분간 끓이면 국물이 시원해요.

순두부애호박 맑은국

단백질과 칼슘이 풍부한 순두부와 애호박이 만나 부드럽게 먹을 수 있는 국이에요. 아이에게 감기 기운이 있을 때 만들어 주세요. 속이 따뜻하고 든든해요.

재료 3인분

순두부 150g

애호박 40g

양파 15g

당근 5g

채수 400ml

아기 소금 2꼬집

응용 레시피

순두부 대신 달걀 2개를 풀어 넣으면 **달걀애호박국**이 됩니다.

애호박 대신 버섯 50g을 넣고 3분간 끓이면 **순두부버섯국**이 됩니다.

②에 새우 50g을 추가해 끓이면 **새우순두부애호박국**이 됩니다.

만드는 법 조리 시간 10분

1 순두부는 먹기 좋은 크기로 뜨고 애호박, 양파, 당근은 채 썰어요.

2 냄비에 채수를 붓고 ①을 넣어 중불에서 5분간 끓여요.

3 아기 소금을 넣고 1분간 끓여요.

TIP 어른 국에는 새우젓이나 꽃게 액젓을 소량 추가해 주세요.

달걀국

달걀국은 빠르게 만들기 쉬운 메뉴입니다. 다양하게 끓일 수 있도록 여러 응용 레시피를 적어 봤어요. 냉장고 재료에 맞게 끓여 주세요.

재료　1인분

달걀 1개
대파 5g
채수(또는 멸치 육수) 200ml
아기 소금 3꼬집
참기름 소량

응용 레시피

두부 50g, 버섯 20g을 달걀물과 함께 넣고 끓이면 **두부버섯 달걀국**이 됩니다.

채수 100ml를 추가하고 감자 30g을 넣어 5분간 끓이다가 달걀물을 넣으면 **감자달걀국**이 됩니다.

③에 구이김을 넣고 30초간 끓이면 **김달걀국**이 됩니다.

새우 30g, 소고기 20g, 애호박 20g, 시금치 5g, 무 20g을 각각 넣고 끓이면 **다양한 달걀국**이 됩니다.

만드는 법　조리 시간 10분

1　달걀은 풀어주고 대파는 잘게 다져요.

2　냄비에 채수를 붓고 끓어오르면 크게 저어 회오리를 만들어 준 뒤 달걀물과 대파를 넣어 1분간 끓여요.

3　아기 소금을 넣고 1분간 끓이다가 참기름을 넣어 마무리해요.

TIP 깔끔하고 부드러운 달걀국을 원하면 달걀물을 체에 한 번 걸러 주세요. 어른 국에는 새우젓이나 꽃게 액젓을 소량 추가해 주세요.

시금치된장국

철분, 식이 섬유, 비타민이 많아 영양에 좋은 시금치로 만든 국입니다. 간단해서 만들기도 편해요. 아이들이 좋아하는 된장국을 다양하게 만들어 주세요.

재료
3인분

시금치 60g
두부 80g
채수(또는 쌀뜨물) 400ml
아기 된장 1큰술
다진 마늘 1/3큰술

응용 레시피

시금치 대신 건미역 5g을 불려 넣고 끓이면 **미역된장국**이 됩니다.

시금치 대신 감자 90g을 넣고 채수 50ml와 양파 30g을 추가해 끓이면 **감자된장국**이 됩니다.

시금치 대신 배추 70g, 버섯 70g, 애호박 80g, 유부 한 줌을 넣고 끓이면 **다양한 된장국**이 됩니다.

만드는 법
조리 시간 10분

1 시금치는 3cm 크기로 자르고 두부는 1cm 크기로 깍둑썰기 해요.

2 냄비에 채수를 붓고 아기 된장을 풀어 중약불에서 4분간 끓여요.

3 시금치, 두부, 다진 마늘을 넣고 5분간 끓여요.

TIP 시금치된장국은 소분해 냉동 보관할 수 있어요(2주 이내 소진).

버섯맑은국

아침에도 부담 없는 속 편한 국이에요. 한 가지 과정만 추가하면 다양한 국을 만들 수 있어요.

재료　　　　　　　4인분

느타리버섯 30g
표고버섯 25g
양파 20g
팽이버섯 25g
채수 450ml
아기 간장(또는 새우젓) 1/2큰술

응용 레시피

마지막에 깍둑썰기 한 두부 60g을 넣고 2분간 더 끓이면 **두부버섯국**이 됩니다.

마지막에 들깻가루 1큰술을 넣고 3~4분간 더 끓이면 **버섯들깻국**이 됩니다.

버섯들깻국에 달걀 1개를 풀어 넣고 1분간 더 끓이면 **버섯들깨달걀국**이 됩니다.

만드는 법　　　　　　조리 시간 10분

1　느타리버섯은 잘게 찢고 표고버섯과 양파는 채 썰고 팽이버섯은 5cm 크기로 잘라요.

2　냄비에 채수를 붓고 ①을 넣어 4~5분간 끓여요. 중간에 불순물은 제거해요.

3　아기 간장을 넣고 1분간 끓여요.

TIP 느타리버섯, 표고버섯, 팽이버섯 중 하나만 넣어도 돼요. 버섯맑은국은 소분해 냉동 보관할 수 있어요(2주 이내 소진).

감자양팟국

감자와 양파의 조합이 깔끔하고 부드러운 국입니다. 아이가 국물과 건더기를 같이 먹을 수 있도록 감자를 모양 틀에 찍어 주세요.

재료　　　　　　　1인분

감자 40g
양파 15g
채수(또는 멸치육수) 300ml
아기 간장 1/3큰술

도구

모양 틀

응용 레시피

마지막에 달걀 1개를 풀어 넣고 1~2분간 더 끓이면 **감자달걀국**이 됩니다.

마지막에 들깻가루 1/2큰술을 넣고 1~2분간 더 끓이면 **감자들깻국**이 됩니다.

만드는 법　　　　　　　　조리 시간 10분

1　감자는 0.5cm 두께로 얇게 썰고 귀여운 모양 틀로 찍어요.

2　①의 감자를 준비하고 양파는 1cm 크기로 깍둑썰기 해요.

3　냄비에 채수를 붓고 ②를 넣어 중불에서 5분간 끓여요.

4　아기 간장을 넣고 3분간 더 끓여요.

TIP　모양 틀로 찍고 남은 감자는 다져서 볶음밥에 활용해 보세요.

닭곰탕

닭다리와 채소를 넣고 푹 끓여 낸 닭곰탕이에요. 따로 간을 하지 않아도 국물 맛이 끝내줘요. 몸보신도 되고 아이가 손으로 잡고 먹으며 좋아해요.

재료　　　　　　　　3인분

닭다리 3개
무 70g
양파 50g
대파 25g
채수(또는 물) 1L

응용 레시피

소면을 삶아 닭곰탕에 넣은 뒤 아기 간장 1/2큰술을 추가하면 **닭다리국수**가 됩니다.

채수 300ml을 추가하고 쌀밥 80g과 야채큐브(310쪽 참고)를 넣어 끓이면 **닭죽**이 됩니다.

만드는 법　　　　　　　　　　조리 시간 30분

1　무와 양파는 나박썰기 하고 대파는 2~3 등분해요.

2　닭다리를 끓는 물에 30초~1분간 삶아요.

3　냄비에 채수를 붓고 닭다리, 무, 양파, 대파를 넣어 중약불에서 20분간 끓여요.

4　중간에 올라오는 불순물은 제거해요.

TIP　간이 부족하다 느껴지면 아기 소금 1~2꼬집을 넣어 주세요. 닭곰탕은 닭다리살을 찢어 국물과 함께 소분해 냉동 보관할 수 있어요(2주 이내 소진).

뼈없는감자탕

등뼈 대신 살코기가 많은 돼지갈비를 활용해 만든 아기 감자탕이에요.
시간은 걸리지만 국물이 끝내줘 아이가 참 좋아하는 음식이랍니다.

재료 4~5인분

돼지갈비 500g

감자 160g

얼갈이배추(또는 배추) 100g

양파 180g

사과 130g

대파 40g

물 1L

채수 500ml

아기 된장 1.5큰술

다진 마늘 1큰술

들깻가루 2.5큰술

만드는 법 조리 시간 50분

1 감자는 나박썰기 하고 얼갈이배추는 3cm 크기로 자르고 양파 60g은 채 썰어요.

2 돼지갈비는 깨끗하게 씻어 끓는 물에 3~4분간 삶아요.

3 냄비에 물을 붓고 돼지갈비, 사과, 양파 120g, 대파를 넣어 중약불에서 30분 이상 끓여요.

4 재료를 모두 건지고 불순물을 제거한 뒤 채수를 추가해요. ①의 채소, 아기 된장, 다진 마늘을 넣고 20분 이상 끓여요.

5 돼지갈비의 뼈를 제거하고 살코기를 잘게 잘라요.

6 ④에 돼지갈비 살코기와 들깻가루를 넣고 5분 이상 끓여요.

TIP 감자탕은 오래 끓일수록 맛이 깊어져요. 사과와 대파는 제외해도 괜찮아요. 돼지갈비 대신 돼지고기 등갈비를 넣어도 돼요.

참치추어탕

영양 가득한 추어탕을 아기 버전으로 쉽고 간단하게 만들었어요. 국물이 고소해서 아이가 잘 먹어요.

재료 4인분

통조림 참치 70g
얼갈이배추 75g
양파 40g
채수 800ml
아기 된장 2/3큰술
다진 마늘 1/3큰술
들깻가루 1큰술

만드는 법 조리 시간 15분

1 통조림 참치는 뜨거운 물에 데쳐 준비해요. 얼갈이배추는 1~2cm 크기로 자르고 양파는 채 썰어요.

2 냄비에 채수를 붓고 끓어오르면 ①과 아기 된장, 다진 마늘을 넣어 중불에서 10분간 끓여요.

3 들깻가루를 넣고 2분간 끓여요.

TIP 통조림 참치 대신 고등어 순살을 넣어도 돼요. 통조림 참치는 개봉 후 그릇에 담아 5분 이상 두어야 '퓨란'이라는 발암물질이 증발합니다.

새우탕

새우의 씹는 맛과 다양한 채소가 어우러진 새우탕이에요. 새우에서 우러나오는 감칠맛까지 더해져 아이가 좋아해요. 새우탕이면 밥 한 그릇 뚝딱이에요.

재료   2인분

새우 75g
무 30g
애호박 20g
양파 20g
팽이버섯 20g
채수 400ml
아기 간장 1큰술

응용 레시피

아기 간장 1큰술 대신 아이 된장 1/2큰술을 넣으면 **새우된장국**이 됩니다.

만드는 법   조리 시간 10분

1 새우는 껍질과 내장을 제거해 2등분해요. 무, 애호박, 양파는 나박썰기 하고 팽이버섯은 2cm 크기로 잘라요.

2 냄비에 채수를 붓고 무를 넣어 중불에서 5분간 끓여요.

3 애호박, 양파, 팽이버섯을 넣고 2분간 끓여요.

4 손질한 새우와 아기 간장을 넣고 2~3분간 끓여요.

TIP 미리 만들어 둔 새우볼(302쪽 참고)이 있으면 새우 대신 넣어도 돼요. 마지막에 달걀 1개를 풀어 넣으면 단백질을 보충할 수 있어요.

나가사키짬뽕탕

아기 사골 육수에 육류, 해산물, 채소가 듬뿍 들어갔어요.
아이가 기운이 없는 아침에 한 그릇 요리로 너무 좋아요.
영양사 엄마로서 추천하는 음식입니다.

재료 3인분

돼지고기 등심(잡채용) 60g

모둠 해물 100g

청경채 20g

숙주 50g

양파 25g

느타리버섯 20g

팽이버섯 10g

사골 육수 500ml

다진 마늘 1/3큰술

아기 소금 3꼬집

후추 소량

응용 레시피

사골 육수 150ml를 추가하고 우동면이나 소면을 넣어 먹으면 **나가사키짬뽕**이 됩니다.

만드는 법 조리 시간 15분

1 돼지고기 등심은 반으로 자르고 모둠 해물, 청경채, 숙주는 작게 잘라요. 양파는 채 썰고 느타리버섯, 팽이버섯은 찢어 준비해요.

2 냄비에 사골 육수를 붓고 중약불에서 4분간 끓여요.

3 사골 육수가 끓어오르면 돼지고기 등심, 모둠 해물, 다진 마늘을 넣고 2~3분간 끓여요.

4 청경채, 숙주, 양파, 느타리버섯, 팽이버섯을 넣고 3분간 끓여요.

5 아기 소금과 후추를 넣고 1분간 끓여요.

TIP 해물은 오징어 또는 새우 등 한 가지만 넣어도 맛있어요. 나가사키짬뽕탕은 소분해 냉동 보관할 수 있어요(2주 이내 소진).

Part

3

죽과 수프

아이가 아프거나 컨디션이 좋지 않아 음식을 거부할 때 내어주
면 좋은 죽과 수프 메뉴입니다. 부드러운 식감으로 만들어 유아
식 초기부터 부담스럽지 않게 줄 수 있어요. 특히 죽 메뉴는 단
백질을 듬뿍 넣어 만든, 아이의 건강을 위한 영양죽을 위주로 담
았습니다.

소고기오징어죽

철분과 타우린 가득한 소고기와 오징어가 듬뿍 담긴 죽이에요.
아이들이 먹기 좋게 잘게 다져 아침이나 컨디션이 좋지 않을 때 먹기 좋아요.
어른도 함께 먹어요.

재료　　2~3인분

쌀밥 200g
소고기 다짐육 60g
오징어 몸통 60g
애호박 25g
양파 15g
당근 15g
채수 400ml
아기 간장 1.5큰술
아가베 시럽 1/2큰술
참기름 1/3큰술

만드는 법　　조리 시간 25분

1　소고기 다짐육을 준비하고 오징어 몸통, 애호박, 양파, 당근은 아주 잘게 다져요.

2　소고기 다짐육과 오징어 몸통에 아기 간장 1/2큰술, 아가베 시럽을 넣고 섞어요.

3　냄비에 채수를 붓고 ①의 채소를 넣어 중불에서 5~6분간 끓여요.

4　②를 넣고 1~2분간 끓이며 불순물이 올라오면 제거해요.

5　쌀밥을 넣고 저어 가며 7~8분간 끓여요.

6　아기 간장 1큰술과 참기름을 넣고 마무리해요.

TIP 소고기오징어죽은 소분해 냉동 보관할 수 있어요(2주 이내 소진).

소고기표고야채죽

고단백질 소고기와 향긋한 표고버섯을 듬뿍 넣어 만든 죽이에요.
쫄깃쫄깃한 식감의 표고버섯과 부드러운 소고기가 만나
맛과 영양이 가득해요.

재료 2~3인분

쌀밥 200g

소고기 다짐육 80g

표고버섯 40g

양파 40g

당근 15g

부추 5g

참기름 1큰술

채수(또는 물) 500ml

아기 간장 1큰술

만드는 법 조리 시간 25분

1 소고기 다짐육을 준비하고 표고버섯, 양파, 당근, 부추는 아주 잘게 다져요.

2 냄비에 참기름 1/2큰술을 두르고 소고기 다짐육을 중약불에서 2분간 볶아요.

3 채수를 붓고 ①의 채소를 넣어 10분간 끓여요.

4 쌀밥을 넣고 저어 가며 10분간 끓여요.

5 아기 간장을 넣고 1분간 더 끓이다가 참기름 1/2큰술을 넣어 마무리해요.

TIP 소고기표고야채죽은 소분해 냉동 보관할 수 있어요(2주 이내 소진). 표고버섯 대신 새송이버섯을 넣어도 돼요. 마지막에 참깨를 으깨 넣으면 더욱 고소해집니다.

병아리콩닭죽

씹으면 씹을수록 고소하고 식이 섬유, 단백질, 칼슘, 비타민 등이 풍부한
병아리콩을 넣어 만든 죽이에요. 닭죽만 먹어도 영양식이지만 병아리콩을 더해
영양을 2배로 늘려보아요.

쌀밥 160g

닭다리 2개

양파 30g

애호박 20g

당근 10g

채수 600ml

다진 마늘 1/3큰술

통조림 병아리콩 60g

아기 간장 2/3큰술

참기름 1/3큰술

응용 레시피

통조림 병아리콩을 제외하면 **야
채닭죽**이 됩니다.

만드는 법 　　　　　　　　　조리 시간 30분

1 닭다리를 준비하고 양파, 애호박, 당근은
아주 잘게 다져요.

2 냄비에 채수를 붓고 닭다리를 넣어 중불
에서 15분간 끓여요.

3 닭다리는 건져 살코기를 찢어 준비하고
육수는 체에 걸러요.

4 냄비에 육수를 붓고 쌀밥, 닭다리 살코
기, ①의 채소, 다진 마늘을 넣어 10분간 끓
여요.

5 통조림 병아리콩은 뜨거운 물에 담갔다
가 건져 ④에 넣고 3분간 끓여요.

6 아기 간장과 참기름을 넣고 마무리해요.

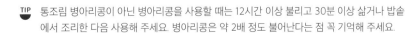

TIP 통조림 병아리콩이 아닌 병아리콩을 사용할 때는 12시간 이상 불리고 30분 이상 삶거나 밥솥
에서 조리한 다음 사용해 주세요. 병아리콩은 약 2배 정도 불어난다는 점 꼭 기억해 주세요.

새우살야채죽

새우의 탱글탱글한 식감을 살려 만든 죽입니다. 새우를 듬뿍 넣어
씹으면 씹을수록 고소해요. 언제 만들어 주어도 잘 먹는 죽이에요.

재료　1인분

쌀밥 100g
새우 50g
애호박 25g
브로콜리 10g
양파 20g
당근 10g
채수 30ml
아기 간장 1/3큰술
참기름 1/3큰술

응용 레시피

④에 달걀 1개를 풀어 넣고 그대로 1분간 끓이다가 저어 가며 1분 더 끓이면 **달걀새우죽**이 됩니다.

만드는 법　조리 시간 20분

1　새우는 껍질과 내장을 제거해 2cm 크기로 잘라요. 애호박, 브로콜리, 양파, 당근은 아주 잘게 다져요.

2　냄비에 채수를 붓고 ①의 채소를 넣어 중불에서 5~6분간 끓여요.

3　새우와 아기 간장을 넣고 2분간 끓여요.

4　쌀밥을 넣고 저어 가며 중약불에서 5~6분간 끓여요.

5　불을 끄고 참기름을 넣어 마무리해요.

TIP 새우살야채죽은 소분해 냉동 보관할 수 있어요(2주 이내 소진). 어른 죽에는 꽃게 액젓 1/2큰술을 추가해 주세요.

누룽지해물죽

고소한 누룽지, 해물, 채소가 한 그릇 안에 어우러진 영양 가득한 죽이에요.
한 끼 대용으로도 손색이 없어요. 부드러운 누룽지가 술술 들어가요.

재료　　2인분

누룽지 70g

모둠 해물 100g

청경채(또는 애호박) 20g

양파 20g

당근 10g

팽이버섯 30g

대파 10g

물 350ml

올리브유 적당량

다진 마늘 1/3큰술

아기 간장(또는 굴소스) 2큰술

아가베 시럽 1큰술

참기름 2/3큰술

만드는 법　　

1　누룽지와 모둠 해물은 먹기 좋은 크기로 자르고 청경채, 양파, 당근은 채 썰어요. 팽이버섯은 작게 자르고 대파는 송송 썰어요.

2　누룽지는 뜨거운 물 250ml에 담가 불려요.

3　프라이팬에 올리브유를 두르고 대파와 다진 마늘을 중불에서 1분 30초간 볶아요.

4　모둠 해물, 청경채, 양파, 당근, 팽이버섯을 넣고 2분 30초간 볶아요.

5　②의 불린 누룽지를 그릇째로 넣은 뒤 물 100ml를 추가하고 아기 간장과 아가베 시럽을 넣어 5분간 끓여요.

6　참기름을 넣어 마무리해요.

TIP　모둠 해물 대신 새우, 오징어, 크래미 중 하나만 넣어도 돼요.

전복죽

바다의 삼산이라 불리는 전복과 채소를 넣어 만든 영양이 듬뿍 담긴 고소한
죽입니다. 아르기닌이 풍부해 아이의 성장 발육에도 좋아요.

재료 4인분

찹쌀밥(또는 쌀밥) 400g

전복 4마리

표고버섯 1개

양파 50g

당근 30g

애호박 50g

물 30ml

다진 마늘 1/2큰술

참기름 1.5큰술

채수 800ml

아기 간장 2큰술

만드는 법

1 전복은 세척 솔로 충분히 문질러 손질하고 숟가락으로 떼어 낸 뒤 내장을 분리해요.

2 전복 내장은 따로 두고 전복 살, 표고버섯, 양파, 당근, 애호박은 아주 잘게 다져요.

3 초퍼나 믹서기에 전복 내장과 물을 넣고 갈아요.

4 냄비에 참기름 1/2큰술을 두르고 전복 살, 다진 마늘을 중약불에서 2분간 볶다가 ③의 전복 내장을 넣고 1분간 볶아요.

5 채수를 붓고 찹쌀밥과 ②의 채소를 넣어 10분간 끓이다가 약불로 줄여 10분간 더 끓여요.

6 아기 간장, 참기름 1큰술을 넣고 저어 가며 2~3분간 끓여요.

TIP 4~5월에는 전복 내장의 독성이 강해지는 시기라 섭취를 삼가주세요. 어른 죽에는 꽃게 액젓 1/2큰술을 추가해 주세요.

달걀야채죽

신선한 채소와 달걀로 영양소가 균형 잡힌 죽이에요.
입맛 없어 하거나 아이의 컨디션이 저하될 때 먹이기 좋은 달걀야채죽입니다.
야채죽도 함께 만들 수 있어요.

쌀밥 240g

달걀 3개

애호박(또는 브로콜리) 40g

양파 40g

당근 25g

채수 500ml

아기 간장 1큰술

참기름 1/3큰술

만드는 법 　　　　　　　　조리 시간 15분

1 달걀은 풀어주고 애호박, 양파, 당근은 아주 잘게 다져요.

2 채수를 붓고 ①의 채소를 넣어 중불에서 5~6분간 끓여요.

3 쌀밥을 넣고 중약불에서 저어 가며 5~6분간 끓여요.

4 아기 간장을 넣고 1~2분간 끓여요.
* 야채죽 완성

응용 레시피

크래미 50g을 잘게 찢어 넣고 3분간 끓이면 **크래미달걀죽**이 됩니다.

5 달걀물을 넣어 그대로 1분간 끓이다가 한 번 젓고 30초간 끓인 뒤 참기름으로 마무리해요.

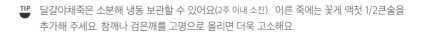

TIP 달걀야채죽은 소분해 냉동 보관할 수 있어요(2주 이내 소진). 어른 죽에는 꽃게 액젓 1/2큰술을 추가해 주세요. 참깨나 검은깨를 고명으로 올리면 더욱 고소해요.

참치야채죽

참치를 넣어 고소한 영양죽이에요. 어른도 아이도 함께 먹을 수 있어 아침에 간단하게 만들기 좋아요.

재료　　　　　　　　2인분

쌀밥 200g
통조림 참치 50~60g
애호박 40g
양파 30g
당근 20g
채수 450ml
아기 소금 2꼬집
참기름 1/3큰술

응용 레시피

③에 달걀 1개를 풀어 넣고 저어 가며 2분간 끓이면 **달걀참치야채죽**이 됩니다.

만드는 법　　　　　　　　조리 시간 15분

1　통조림 참치는 기름을 버리고 애호박, 양파, 당근은 아주 잘게 다져요.

2　냄비에 채수 400ml를 붓고 ①의 채소를 넣어 중불에서 5~6분간 끓여요.

3　채수 50ml를 추가하고 쌀밥, 통조림 참치, 아기 소금을 넣어 중약불에서 저어 가며 5~6분간 끓여요.

4　참기름을 넣고 마무리해요.

TIP　통조림 참치는 개봉 후 그릇에 담아 5분 이상 두어야 '퓨란'이라는 발암물질이 증발합니다. 참치야채죽은 소분해 냉동 보관할 수 있어요(2주 이내 소진).

옥수수수프

비타민과 무기질이 풍부한 옥수수로 만든 달콤한 옥수수수프입니다. 호불호 없는 수프라 아이가 잘 먹어요. 부드럽게 갈아내어 더욱 맛있어요.

재료 2인분

통조림 옥수수 200g
양파 80g
무염버터 10g
우유 200ml
아기 치즈 1장

만드는 법 조리 시간 20분

1 통조림 옥수수는 흐르는 물에 씻은 후 물기를 제거하고 양파는 채 썰어요.

2 프라이팬에 무염버터와 양파를 넣고 중약불에서 3~4분간 볶아요.

3 믹서기에 통조림 옥수수, ②의 양파, 우유를 넣고 갈아요.

4 냄비에 ③을 붓고 아기 치즈를 넣은 뒤 중약불에서 저어 가며 6~7분간 끓여 마무리해요.

단호박수프

베타카로틴이 풍부한 단호박을 부드럽게 끓여 낸 수프입니다.
단호박 특유의 구수한 풍미가 가득하고 양파가 주는 감칠맛도 있어요.

재료   2인분

단호박 200g
양파 80g
물 30ml
무염버터 10g
우유 200ml

만드는 법   조리 시간 20분

1   단호박은 껍질을 벗겨 3~4cm 크기로 자르고 양파는 채 썰어요.

2   내열 용기에 단호박과 물을 담고 전자레인지에 5분간 돌려요.

3   프라이팬에 무염버터와 양파를 넣고 중약불에서 3~4분간 볶아요.

4   믹서기에 ②의 단호박, ③의 양파, 우유를 넣고 갈아요.

응용 레시피

단호박 대신 고구마를 넣으면 **고구마수프**가 됩니다.

5   냄비에 ④를 붓고 중약불에서 저어 가며 5분간 끓여요.

TIP   달군 프라이팬에 1cm 크기의 식빵 조각과 무염버터 5g을 넣고 볶아 크루통을 만들어 주세요.
미니 단호박은 전자레인지에 5분간 돌리면 껍질을 쉽게 벗길 수 있어요.

감자양파수프

부드러운 감자에 양파를 넣은 담백하고 고소한 수프입니다.
아침에 따뜻한 수프로 아이의 속과 건강을 채워주세요.

감자 160g
양파 60g
물 100ml
무염버터 10g
우유 250ml
아기 치즈 1장

만드는 법

1　감자는 껍질을 벗겨 2~3cm 두께로 썰고
양파는 채 썰어요.

2　내열 용기에 감자와 물을 담고 전자레인
지에 5분간 돌려요.

3　달군 프라이팬에 무염버터와 양파를 넣
고 중불에서 5분간 볶아요.

4　믹서기에 ②의 감자, ③의 양파, 우유를
넣고 갈아요.

응용 레시피

마지막에 브로콜리 15g을 잘게
다져 넣으면 **브로콜리감자수프**
가 됩니다.

5　냄비에 ④를 붓고 아기 치즈를 넣은 뒤
저어 가며 4~5분간 끓여요.

TIP　어른 수프에는 소금과 후추를 조금씩 넣어 주세요.

양송이수프

아이의 아침밥으로도 간식으로도 좋은 수프입니다.
빵과 함께 먹어도 수프만 먹어도 속이 든든하고 따뜻해요.

재료 2인분

양송이버섯 100g

양파 80g

다진 마늘 1큰술

무염버터 10g

밀가루 1큰술

우유 300ml

아기 치즈 1장

만드는 법 조리 시간 20분

1 양송이버섯과 양파는 채 썰어요.

2 프라이팬에 무염버터, 양파, 다진 마늘을
넣고 중약불에서 4분 30초간 볶아요.

3 양송이버섯을 넣고 중불에서 1분간 볶
다가 밀가루를 넣어 2분간 더 볶아요.

4 믹서기에 ③과 우유를 넣고 갈아요.

5 냄비에 ④를 붓고 중약불에서 저어 가며
5분간 끓여요.

6 아기 치즈를 넣고 저어 가며 3분간 끓여요.

TIP 밀가루는 제외해도 괜찮아요. 양송이수프는 소분해 냉동 보관할 수 있어요(2주 이내 소진).

Part

4

일품요리와 간식

특별한 음식을 먹고 싶은 주말을 위한 일품요리와 엄마가 직접
만든 간식 메뉴입니다. 아이들의 건강한 성장을 위해 간단하게
만들어 줄 수 있는 요리랍니다. 조금씩 자주 먹어야 하는 아이들
에게 꼭 필요한 간식을 엄마가 직접 만들어 준다면 더욱 건강한
아이가 될 거예요.

소고기버섯리소토

소고기와 버섯을 넣어 고소한 데다 우유와 치즈로 부드러움을 더한
리소토입니다. 한 그릇에 철분이 가득하게 영양을 꾹꾹 눌러 담았어요.
간단하고 빠르게 만들 수 있는 요리랍니다.

                 1인분

쌀밥 90g

소고기 다짐육 50g

양파 20g

양송이버섯 20g

느타리버섯 15g

올리브유 적당량

우유 130ml

아기 치즈 1장

아가베 시럽 1/3큰술

만드는 법   조리 시간 10분

1   소고기 다짐육을 준비하고 양파, 양송이 버섯, 느타리버섯은 잘게 다져요.

2   프라이팬에 올리브유를 두르고 소고기 다짐육과 양파를 중약불에서 2분간 볶아요.

3   양송이버섯과 느타리버섯을 넣고 1분간 볶아요.

4   우유를 붓고 아기 치즈, 아가베 시럽을 넣어 2분간 끓여요.

5   쌀밥을 넣고 저어 가며 1분 30초간 끓여 마무리해요.

TIP   소고기 다짐육 대신 연어, 가자미 순살을 넣거나 버섯 대신 애호박, 당근, 브로콜리 등을 넣어 도 돼요. 우유 대신 생크림이나 휘핑크림을 사용하면 더욱 부드러워요.

훈제오리토마토스튜

몸에 좋은 채소와 훈제오리를 푹 끓인 부드러운 스튜입니다.
새콤달콤한 맛으로 어른과 함께 먹어도 좋아요.

재료

훈제오리 60g
양파 20g
파프리카 40g
브로콜리 10g
올리브유 적당량
토마토소스 3큰술
물 2큰술
아가베 시럽 1/2큰술

만드는 법

1   훈제오리는 2cm 크기로 자르고 양파, 파프리카, 브로콜리는 1cm 크기로 잘라요.

2   프라이팬에 올리브유를 두르고 ①을 중약불에서 3분간 볶아요.

3   토마토소스, 물, 아가베 시럽을 넣고 저어 가며 1분간 끓여요.

응용 레시피

마지막에 삶은 스파게티면 40g을 넣고 1분간 끓이면 **토마토스파게티**가 됩니다.

③을 쌀밥 100g 위에 올리면 **훈제오리토마토덮밥**이 됩니다.

 TIP   훈제오리는 무항생제이면서 화학첨가물, 보존료, 색소가 적은 제품을 사용해 주세요. 훈제오리 대신 소고기를 넣어도 좋아요.

새우크림파스타

단백질, 오메가3 지방산, 비타민, 미네랄이 가득한 새우를 넣어 만든
담백하고 부드러운 파스타입니다. 아이가 좋아할 만한 모양의 파스타로 준비해서
관심을 가질 수 있도록 해주세요.

재료　　　　　　　1인분

모양 파스타 40~50g

칵테일 새우 50g

애호박 20g

양파 20g

양송이버섯 20g

무염버터 5g

다진 마늘 1/3큰술

생크림 110ml

우유 50ml

아가베 시럽 1/3큰술

아기 치즈 1장

만드는 법　　　　　　　조리 시간 15분

1　모양 파스타를 준비하고 칵테일 새우는 2~3등분해요. 애호박, 양파, 양송이버섯은 1cm 크기로 깍둑썰기 해요.

2　냄비에 물이 끓어오르면 모양 파스타를 넣어 4~5분간 삶고 건져요.

3　프라이팬에 무염버터, 다진 마늘, 애호박, 양파를 넣고 2분간 볶아요.

4　양송이버섯을 넣고 볶다가 칵테일 새우를 추가해 1분간 더 볶아요.

5　생크림, 우유, 아가베 시럽을 넣고 2분간 끓여요.

6　②의 모양 파스타와 아기 치즈를 넣고 저어 가며 1분간 끓여요.

TIP 파스타는 제품마다 삶는 시간이 다르니 꼭 확인 후 조리해 주세요. 어른 파스타에는 후추와 소금을 소량 넣어 주세요.

시금치크림뇨키

비타민, 철분, 식이 섬유 등 완전 영양 식품인 시금치로
고소한 시금치크림소스를 만들어 쫀득쫀득한 뇨키와 함께 먹어요.
채소를 싫어하는 아이도 잘 먹어요.

감자 165g

물 100ml

달걀 노른자 1개

쌀가루 2큰술

아기 소금 소량

올리브유 적당량

시금치 30g

우유 200ml

아기 치즈 1장

응용 레시피

시금치크림소스에 쌀밥 120g과 아기 치즈 1장을 넣고 끓이면 **시금치크림리소토**가 됩니다.

만드는 법

1   감자는 껍질을 벗겨 2~3cm 두께로 썰고 내열 용기에 물과 함께 담아 전자레인지에 5분간 돌려요.

2   익힌 감자는 으깨고 달걀 노른자, 쌀가루, 아기 소금과 섞어 둥글납작한 뇨키를 만들어요.

3   끓는 물에 뇨키를 넣어 1분간 익히고 떠오르면 건져요.

4   달군 프라이팬에 올리브유를 두르고 뇨키를 중불에서 앞뒤로 4~5분간 구워요.
* 뇨키 완성

5   믹서기에 시금치, 우유, 아기 치즈를 넣고 갈아요.

6   새로운 프라이팬에 ⑤를 붓고 4~5분간 끓이면 시금치크림소스가 돼요. 여기에 ④를 올려 완성해요. * 시금치크림소스 완성

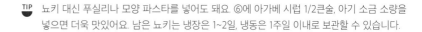

TIP   뇨키 대신 푸실리나 모양 파스타를 넣어도 돼요. ⑥에 아가베 시럽 1/2큰술, 아기 소금 소량을 넣으면 더욱 맛있어요. 남은 뇨키는 냉장은 1~2일, 냉동은 1주일 이내로 보관할 수 있습니다.

렌틸콩야채카레

렌틸콩은 철분과 단백질이 풍부한 고단백 저지방 식품으로
세계 5대 식품 중 하나입니다. 아이의 영양소 섭취를 위해 카레에 넣어 보았어요.
카레에 섞여 있어 아이가 거부감 없이 잘 먹어요.

재료   4~5인분

통조림 렌틸콩 100g

돼지고기 다짐육 200g

양파 120g

당근 55g

감자 100g

브로콜리 60g

올리브유 적당량

물 800ml

카레 가루 100g

만드는 법   조리 시간 25분

1 통조림 렌틸콩은 뜨거운 물에 데치고 양
파, 당근, 감자, 브로콜리는 1~2cm 크기로
깍둑썰기 해요.

2 냄비에 올리브유를 두르고 양파를 중불
에서 2분간 볶아요.

3 돼지고기 다짐육을 넣고 2분간 볶아요.

4 당근, 감자, 브로콜리를 넣고 4분간 볶다
가 물을 부어 10분간 끓여요.

5 카레 가루를 넣고 잘 저어요.

6 렌틸콩을 넣고 저어 가며 5분간 끓여요.

TIP 통조림 렌틸콩이 아닌 렌틸콩은 불렸다가 양의 3배 되는 물을 넣고 25분간 삶아 사용해 주세요.
돼지고기 대신 소고기를 넣어도 돼요.

크림떡볶이

아기가 좋아하는 모양 떡국떡에 생크림과 우유를 더해 만든 떡볶이에요.
고소한 풍미와 쫄깃한 식감이 어우러져 부드럽게 먹을 수 있어
아이가 좋아해요.

재료 2인분

떡국떡 100g

어묵 20g

양파 20g

양송이버섯 20g

브로콜리 꽃 10g

무염버터 5g

다진 마늘 1/3큰술

생크림 100ml

우유 50ml

만드는 법

1 어묵은 4cm 길이로 자르고 양파, 양송이버섯은 채 썰고 브로콜리 꽃은 잘게 썰어요.

2 프라이팬에 무염버터, 양파, 다진 마늘을 넣고 중불에서 2분간 볶아요.

3 양송이버섯과 브로콜리 꽃을 넣고 1분간 볶아요.

4 생크림과 우유를 붓고 저어 가며 4~5분간 끓여요.

5 떡국떡은 찬물에 담가 준비해요.

6 ④에 떡국떡과 어묵을 넣고 1분 30초간 끓여요.

TIP 생크림이 없다면 우유를 100ml 추가하고 아기 치즈 1장을 넣어 주세요. ⑥에 아기 소금과 아가베 시럽을 소량씩 넣으면 더욱 맛있어요.

달걀수제비

채소가 가득하고 달걀을 넣어 단백질도 채웠어요.
아이가 입맛이 없거나 밥이 똑 떨어졌을 때 만들어 주기 좋아요.
아이가 한입에 쏙 먹기도 좋은 메뉴입니다.

재료 1인분

밀가루 40g

물 25ml

올리브유 1/2큰술

감자 30g

양파 20g

애호박 15g

당근 10g

느타리버섯 15g

채수 400ml

다진 마늘 1/3큰술

아기 간장 1/2큰술

아기 소금 1꼬집

달걀 1개

만드는 법 조리 시간 20분

1 밀가루, 물, 올리브유를 섞어 반죽한 후 냉장고에 넣고 10분 이상 숙성해요.

2 감자는 0.5cm 두께로 썰고 양파, 애호박, 당근은 채 썰고 느타리버섯은 잘게 찢어요.

3 냄비에 채수를 붓고 감자와 다진 마늘을 넣어 중불에서 끓여요.

4 채수가 끓어오르면 ①의 반죽을 먹기 좋은 크기로 떼어 넣어요.

5 양파, 애호박, 당근, 느타리버섯, 아기 간장, 아기 소금을 넣고 5분간 팔팔 끓여요.

6 달걀을 풀어 넣고 그대로 1분간 끓이다가 한 번 저어서 마무리해요.

TIP 달걀 대신 새우, 오징어, 바지락 등 해산물을 넣어도 돼요.

소보로비빔밥

다양한 채소와 철분 가득한 소고기를 함께 먹는 비빔밥입니다.
아이의 취향에 맞게 채소를 넣어서 만들어 주세요.

재료 1인분

쌀밥 100g

소고기 다짐육 40g

아기 간장 1/3큰술

아가베 시럽 1/3큰술

달걀 1개

애호박(또는 브로콜리) 35g

당근 30g

올리브유 적당량

물 소량

만드는 법 조리 시간 15분

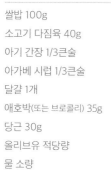

1 소고기 다짐육은 핏물을 제거하고 아기 간장과 아가베 시럽을 넣어 버무려요.

2 달걀은 풀어주고 애호박과 당근은 잘게 다져요.

3 프라이팬에 올리브유를 두르고 중약불에서 달걀물을 휘저으며 스크램블에그를 만들어요.

4 키친타월로 프라이팬을 닦고 소고기 다짐육을 넣어 중약불에서 2~3분간 볶아요.

5 내열 용기에 애호박과 당근을 담고 물을 넣어 2분간 전자레인지에 돌려요. 그릇에 쌀밥을 담고 재료를 올려 마무리해요.

TIP 김자반이나 구이김을 부숴 넣거나 아기 간장 1/3큰술, 참기름 1/3큰술을 넣어 함께 비벼 먹으면 더욱 맛있어요.

달걀말이밥

달걀말이는 모두가 좋아하는 반찬 중 하나인데요.
달걀말이에 쌀밥이 들어 있어 이것만 먹어도 든든합니다. 탄수화물, 단백질,
지방 등 영양소가 골고루 들어 있어 영양 면에서 완벽해요.

재료

1인분

쌀밥 120g

달걀 2개

애호박 20g

당근 20g

양파 20g

아기 소금 2꼬집

올리브유 적당량

만드는 법

조리 시간 15분

1 달걀은 풀어주고 애호박, 당근, 양파는 아주 잘게 다져요.

2 달걀물에 쌀밥, ①의 채소, 아기 소금을 넣고 섞어요.

3 달군 프라이팬에 올리브유를 두르고 ②를 절반을 넣고 펼쳐 중약불에서 1분간 익혀요.

4 아랫면이 익으면 돌돌 말고 남은 ②의 반을 넣어 펼쳐요.

5 다시 아랫면이 익으면 돌돌 말고 남은 ②를 모두 넣어 펼쳐요.

6 돌돌 말아 4면을 고루고루 익히고 식으면 2cm 두께로 잘라요.

TIP 밥새우 1/2큰술, 통조림 참치 30g, 소고기 다짐육 50g 중 집에 있는 재료를 추가해 보세요.

달걀당근치즈김밥

당근과 부드러운 달걀, 치즈로 만드는 김밥이에요.
당근을 싫어하는 아이도 김밥에 넣으니 너무 잘 먹어요.
어른도 함께 먹기 좋아요.

재료 1인분

쌀밥 120g
달걀 1개
당근 40g
올리브유 적당량
아기 소금 1꼬집
아기 치즈 1장
참기름 1/2큰술
참깨 1/2큰술
구이김 1장

만드는 법 조리 시간 20분

1 달걀은 풀어주고 당근은 채 썰어요.

2 프라이팬에 올리브유를 두르고 약불에 달궈요. 달걀물을 붓고 2분간 두었다가 불을 끄고 뒤집어 달걀지단을 만들어요.

3 프라이팬에 올리브유를 두르고 당근과 아기 소금을 넣어 중약불에서 2분간 볶아요.

4 달걀지단은 한 김 식힌 후 채 썰고 아기 치즈는 4조각으로 잘라요.

5 쌀밥에 참기름과 참깨를 넣고 섞어요.

6 구이김에 ⑤의 밥을 펴고 ③의 당근, ④의 달걀지단과 아기 치즈를 올려 돌돌 말아요.

TIP 달걀지단 대신 스크램블에그를 넣어도 돼요. 24개월 이전 아이에게는 질기지 않은 김을 사용해 주세요. 구이김 반장 진맛김을 추천해요. 어른 김밥에는 당근을 늘리고 맛소금을 넣어요.

주먹밥달걀말이

간단하게 주먹밥을 만들어서 달걀옷을 입힌 주먹밥달걀말이입니다.
주먹밥에 다양한 식재료를 넣어서 만들어 보세요.
아이 소풍 도시락으로도 좋아요.

재료 1인분

달걀 2개
쌀밥 120g
아기 간장 1/3큰술
참기름 1/3큰술
참깨 1/3큰술
올리브유 적당량

만드는 법 조리 시간 20분

1   달걀을 풀어서 체에 걸러요.

2   쌀밥에 아기 간장, 참기름, 참깨를 넣고 섞어요.

3   ②를 7등분해 주먹밥을 만들어요.

4   달군 프라이팬에 올리브유를 두르고 약 불에 달걀물을 1큰술씩 올려요.

5   그 위에 ③의 주먹밥을 올리고 돌돌 말 아 골고루 익혀요.

TIP   김자반 5g, 통조림 참치 30g, 크래미 30g, 밥새우 1/2큰술, 야채큐브(310쪽 참고) 중 집에 있는 재료를 추가해 보세요.

소고기야채주먹밥

철분 가득한 소고기와 다양한 채소가 듬뿍 들어간 주먹밥이에요. 아침 식사나 도시락 메뉴로 간단하게 만들기 좋아요.

재료   2인분

쌀밥 180g
소고기 다짐육 50g
양파 20g
애호박 20g
당근 10g
올리브유 적당량
아기 간장 1/3큰술
참기름 1/3큰술
참깨 1/3큰술

응용 레시피

주먹밥에 밀가루, 달걀물 순으로 튀김옷을 입힌 다음 프라이팬에 현미유를 넉넉하게 두르고 중약불에서 3~4분간 튀기면 **주먹밥튀김**이 됩니다.

만드는 법   조리 시간 15분

1   소고기 다짐육을 준비하고 양파, 애호박, 당근은 아주 잘게 다져요.

2   프라이팬에 올리브유를 두르고 ①을 넣어 중약불에서 5~6분간 볶아요.

3   쌀밥에 ②와 아기 간장, 참기름, 참깨를 넣어 섞고 주먹밥을 만들어요.

TIP   내열 용기에 ①을 담고 전자레인지에 5~6분간 돌려 만드는 방법도 있어요. 야채큐브(310쪽 참고)를 활용하면 조리 시간을 단축할 수 있어요.

애호박볶음밥 김말이

애호박이 들어가 고소하고 담백한 김밥입니다. 애호박볶음밥 자체도 맛있어요. 아침밥 대용으로 간단하게 만들어 주기 좋은 메뉴입니다.

재료   2인분

애호박 80g
올리브유 적당량
쌀밥 200g
아기 간장 1큰술
참기름 1/2큰술
참깨 1큰술
구이김 4장

응용 레시피

②에 소고기 다짐육 40g을 넣어 같이 볶으면 **소고기애호박볶음밥김말이**가 됩니다.

②에 달걀 1개를 풀어 넣어 같이 볶으면 **달걀애호박볶음밥김말이**가 됩니다.

만드는 법   조리 시간 15분

1   애호박을 아주 잘게 다져요.

2   달군 프라이팬에 올리브유를 두르고 애호박을 중불에서 4~5분간 볶아요.

3   쌀밥에 ②와 아기 간장, 참기름, 참깨를 넣고 섞어요.

4   구이김에 ③의 밥을 1.5큰술씩 올리고 돌돌 말아요.

TIP   구이김 반장 진맛김을 추천해요.

요거트블루베리
머핀

요거트를 넣어 부드럽고 촉촉한 머핀이에요. 아몬드 가루를 넣어 고소하고 블루베리를 넣어 씹히는 맛도 있어 간식으로도 아침 식사 대용으로도 좋아요.

재료   2인분

달걀 1개
요거트 70g
블루베리 60g
아몬드 가루 70g
아가베 시럽 1.5큰술
올리브유 소량

만드는 법   조리 시간 25분

1 달걀은 풀어주고 요거트, 블루베리, 아몬드 가루를 준비해요.

2 볼에 ①과 아가베 시럽을 넣고 섞어요.

3 실리콘 틀에 올리브유를 바르고 반죽을 채운 뒤 블루베리를 1~2알씩 올려요.

4 에어프라이어 180도에서 15분간 굽고 확인 후 200도에서 5분간 더 구워요.

 TIP 블루베리 대신 냉동 블루베리나 딸기를, 아몬드 가루 대신 쌀가루를 넣어도 돼요.

바나나머핀

달달한 바나나로 만든 부드러운 머핀입니다. 주말에 간식으로 만들어 주면 아이가 좋아할 거예요. 조리 방법도 간단해서 함께 만들기도 좋아요.

재료 1인분

바나나 1개
요거트 30ml
쌀가루 30g
달걀 1개
올리브유 소량

만드는 법 조리 시간 15분

1 볼에 바나나를 넣고 으깨요.

2 ①에 요거트, 쌀가루, 달걀을 넣어 함께 섞어요.

3 실리콘 틀에 올리브유를 바르고 반죽을 2/3 정도만 채운 뒤 바나나 조각을 올려요.

4 전자레인지에 넣고 3분간 돌려요.

TIP 토핑용 바나나를 모양 틀로 찍어 귀여운 모양을 만들어 보세요. 아가베 시럽 1/2큰술을 추가하면 조금 더 달콤해요.

옥수수달걀빵

달콤한 옥수수로 만든 빵이라 아이도 어른도 맛있게 먹을 수 있는 메뉴입니다.
씹으면 씹을수록 고소한 맛이 일품이에요.

재료

1인분

달걀 2개
양파 7g
통조림 옥수수 2큰술
쌀가루 1큰술
우유 30ml
아가베 시럽 1/3큰술
올리브유 소량

만드는 법

조리 시간 15분

1 달걀은 풀어주고 양파는 잘게 다져요. 통
조림 옥수수, 쌀가루, 우유를 준비해요.

2 볼에 ①을 넣고 잘 섞어요.

3 아가베 시럽을 넣고 골고루 섞어요.

4 실리콘 틀에 올리브유를 바르고 반죽을
2/3 정도만 채워요.

응용 레시피

아기 치즈 1장을 잘게 잘라 반죽
에 넣으면 **옥수수치즈달걀빵**이
됩니다.

5 전자레인지에 넣고 2분간 돌려요.

TIP 바삭한 빵을 원한다면 전자레인지 대신 에어프라이어 180도에서 10분간 구워 주세요.

150   151

고구마키쉬

식이 섬유가 풍부한 고구마에 채소와 달걀을 넣어 만든 영양 간식입니다.
간식도 든든한 한 끼가 될 수 있습니다.

재료　　　　　　2인분

고구마 160g
물 100ml
아몬드 가루(또는 쌀가루) 2큰술
달걀 1개
양파 10g
파프리카 20g
브로콜리 5g

만드는 법　　　　　　조리 시간 25분

1　고구마는 껍질을 벗겨 3cm 두께로 자르고 물과 함께 내열 용기에 담아 전자레인지에 5~6분간 돌려요.

2　익힌 고구마를 으깨고 아몬드 가루를 넣어 섞어요.

3　달걀은 풀어주고 양파, 파프리카, 브로콜리를 잘게 다져 섞어요.

4　실리콘 틀에 ②를 얇게 깔고 ③의 달걀물을 부어요.

응용 레시피

고구마 대신 감자를 넣으면 **감자키쉬**가 됩니다.

5　에어프라이어 180도에서 15분간 구워주세요.

TIP 토마토, 버섯, 애호박, 당근, 시금치, 옥수수 등을 추가하거나 대신 넣어도 맛있어요. ③에 소고기 또는 닭안심 다짐육 50g을 넣으면 부족한 단백질을 보충할 수 있어요.

고구마치즈호떡

겨울 간식 호떡을 고구마로 만들어 고소하고 달달해요. 기존 호떡보다 더 건강하고 맛있어요. 아이에게 우유와 함께 주면 좋아해요.

재료   2인분

고구마 180g
물 100ml
찹쌀가루 2큰술
우유 2~3큰술
아기 치즈 1장
올리브유 적당량

응용 레시피

고구마 대신 감자 180g을 넣으면 **감자치즈호떡**이 됩니다.

만드는 법   조리 시간 20분

1   고구마는 껍질을 벗겨 2~3cm 두께로 자르고 물과 함께 내열 용기에 담아 전자레인지에 4분간 돌려요.

2   익힌 고구마를 으깨고 찹쌀가루, 우유를 넣어 섞어요.

3   둥글납작하게 만든 반죽에 아기 치즈를 잘라 넣고 호떡 모양을 만들어요.

4   프라이팬에 올리브유를 두르고 중약불에서 앞뒤로 4~5분간 구워요.

TIP   아기 치즈 대신 피자 치즈를 넣어도 돼요. 고구마가 달지 않을 때는 아가베 시럽 1/2큰술을 넣어 주세요.

오트밀사과쿠키

식이 섬유가 풍부한 오트밀과 비타민 C가 가득한 사과를 넣어 만든 쿠키입니다. 사과를 넣어 촉촉하고 오트밀의 고소하고 담백한 맛이 좋아요.

재료　4~5인분

오트밀 가루 100g
아몬드 가루 60g
사과 200g
아가베 시럽(또는 꿀) 1큰술
올리브유 소량

만드는 법　　조리 시간 30분

1 오트밀 가루와 아몬드 가루를 준비해요.

2 사과 130g은 갈고 사과 70g은 잘게 다져요.

3 볼에 ①의 가루, ②의 사과, 아가베 시럽을 넣고 잘 섞어요.

4 오븐 팬에 올리브유를 바르고 둥글납작한 반죽을 올려 200도에서 20분간 구워요.

TIP 오븐 대신 프라이팬에 올리브유를 두르고 약불에 서서히 굽는 방법도 있습니다.

Part

5

전

건강한 지방(현미유)으로 만든, 조리법이 정말 간단한 전 메뉴입니다. 아이가 싫어하는 채소와 즐겨 먹는 단백질 재료를 한데 섞어 부쳐 자연스럽게 먹일 수 있는 일석이조 요리랍니다. 아이 반찬으로도 간식으로도 먹기 좋고 어른 입맛에도 딱 맞는 메뉴예요.

소고기옥수수전

소고기에 옥수수를 넣어 톡톡 씹히는 맛이 좋은 전이에요. 먹으면 먹을수록 고소해 자꾸 먹게 돼요. 아이도 옥수수가 들어가니 더욱 좋아해요.

재료   1인분

소고기 다짐육 50g
달걀 노른자 1개
통조림 옥수수 20g
부침가루 2큰술
아기 소금 2꼬집
현미유 적당량

만드는 법   조리 시간 10분

1 소고기 다짐육과 달걀 노른자를 준비하고 통조림 옥수수는 물을 버려요.

2 볼에 ①과 부침가루, 아기 소금을 넣어 섞고 반죽을 3등분해 동그랗게 만들어요.

3 프라이팬에 현미유를 두르고 ②를 중약불에서 앞뒤로 누르며 5분간 구워요.

TIP 옥수수 대신 감자, 버섯, 애호박, 브로콜리, 파프리카를 넣어도 돼요.

소고기양배추
치즈전

재료　　　　　　　　　　2인분

소고기 다짐육 60g

달걀 1개

양배추 55g

아기 소금 2꼬집

현미유 적당량

아기 치즈 1~2장

철분 가득한 소고기, 식이 섬유가 많은 양배추, 아기 치즈로 만든 전입니다. 고소한 맛이 좋아요. 채소를 싫어하는 아이에게 만들어 주세요.

만드는 법　　　　　　　　　　조리 시간 10분

1　소고기 다짐육을 준비하고 달걀은 풀어 주고 양배추는 잘게 다져요.

2　볼에 ①과 아기 소금을 넣고 섞어요.

3　프라이팬에 현미유를 두르고 ②를 1큰 술씩 올려요.

4　중약불에서 앞뒤로 뒤집어 가며 4~5분간 굽다가 불을 끄고 아기 치즈를 잘라 올려요.

TIP　양배추 대신 양파, 당근, 애호박, 버섯을 잘게 다져 넣어도 돼요. 간이 된 음식을 먹는 아이에 게는 돈가스 소스나 데리야키 소스를 발라 주세요.

육전

단백질이 가득할 뿐만 아니라 부드럽고 고소한 아기 육전입니다.
아이가 너무 좋아하는 메뉴로 어른도 함께 먹을 수 있어요.

재료 1인분

소고기 홍두깨살(육전용) 55g

아기 소금 소량

찹쌀가루 1큰술

달걀 1개

현미유 적당량

만드는 법 조리 시간 10분

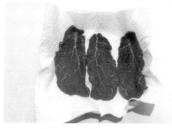 

1 소고기 홍두깨살은 키친타월로 핏물을 제거해요.

2 소고기 홍두깨살에 아기 소금을 뿌려요.

3 찹쌀가루를 앞뒤로 묻혀요.

4 달걀을 풀고 ③에 달걀물을 입혀요.

5 달군 프라이팬에 현미유를 두르고 중불에서 앞뒤로 2~3분간 구워요.

TIP 어른 전에는 후추도 함께 뿌려 밑간을 하고 파채와 곁들여 주세요. 채 썬 파 100g, 진간장 1/3큰술, 꽃게 액젓 1/3큰술, 설탕 1/2큰술, 고춧가루 1/2큰술, 참기름 1/2큰술을 넣고 버무려요.

돈육야채밥전

유아식 초기에 아이가 좋아해서 자주 만들어 줬던 전이에요. 아이가 잡고 먹기 좋아 재료만 바꿔가며 만들어 주었어요.

재료　　　　1인분

돼지고기 다짐육 50g
쌀밥 100g
달걀 1개
양파 20g
애호박 20g
당근 15g
아기 소금 3꼬집
현미유 적당량

만드는 법　　　　조리 시간 10분

1　돼지고기 다짐육, 쌀밥, 달걀을 준비하고 양파, 애호박, 당근은 잘게 다져요.

2　볼에 ①과 아기 소금을 넣고 골고루 섞어요.

3　프라이팬에 현미유를 두르고 ②를 1큰술씩 올려 중약불에서 앞뒤로 뒤집어 가며 5~6분간 구워요.

TIP 돼지고기 다짐육 대신 소고기 다짐육 50g, 통조림 참치 60g, 밥새우 15g, 새우 60g, 두부 80g 중 집에 있는 재료를 넣어도 돼요.

가자미달걀전

단백질과 칼슘이 가득한 부드러운 가자미에 달걀물을 입혀 만든 전이에요. 고소해서 아이도 더 잘 먹어요.

재료 1인분

가자미 순살 50g
달걀 1개
부침가루(또는 밀가루) 1큰술
현미유 적당량

만드는 법 조리 시간 10분

1 가자미 순살을 3등분하고 달걀은 풀어요.

2 가자미 순살에 부침가루, 달걀물 순으로 묻혀요.

3 프라이팬에 현미유를 두르고 ②를 중약 불에서 앞뒤로 뒤집어 가며 4분 30초간 구워요.

TIP 가자미 대신 동태나 달고기와 같은 흰살 생선을 넣어도 돼요. 달걀물에 아기 소금 1꼬집, 다진 마늘을 소량 추가하면 더욱 맛있어요.

오징어야채전

오징어와 채소를 듬뿍 넣고 만든 전입니다. 유아식을 만들다 보면 아이에게 전을 자주 해 주는데 그중 저도 좋아하고 아이도 좋아하는 메뉴예요.

재료   3인분

오징어 75g

애호박 20g

양파 20g

당근 20g

부침가루(또는 밀가루) 2.5큰술

물 3큰술

현미유 적당량

만드는 법   조리 시간 10분

1 오징어, 애호박, 양파, 당근은 잘게 다져요.   2 볼에 ①과 부침가루, 물을 넣고 섞어요.

3 프라이팬에 현미유를 두르고 ②를 1큰 술씩 올려 중약불에서 앞뒤로 뒤집어 가며 3~4분간 구워요.

TIP   어른 전에는 깻잎이나 청양고추를 잘게 썰어 넣어 주세요.

어묵달걀전

쫄깃하고 고소한 어묵으로 만든 전입니다. 아이들이 정말 맛있게 먹는 영양 만점 반찬이에요.

재료 3인분

어묵 1장
달걀 1개
당근 5g
대파 5g
부침가루(또는 밀가루) 1큰술
현미유 적당량

응용 레시피

③의 어묵에 빵가루 4큰술을 묻히고 약불에서 2~3분간 구우면 **어묵가스**가 됩니다.

만드는 법 조리 시간 10분

1 어묵은 12등분하고 달걀은 풀어주고 당근과 대파는 아주 잘게 다져요.

2 자른 어묵에 부침가루를 골고루 묻혀요.

3 달걀물에 당근과 대파를 넣어 섞고 ②의 어묵을 넣어요.

4 프라이팬에 현미유를 두르고 중약불에서 앞뒤로 1분간 구워요.

크래미달걀전

아이들 요리는 식재료 사용에 있어서 한정적인데 편하게 사용할 수 있는 크래미로 전을 만들었어요. 달걀과 크래미, 이보다 더 좋을 순 없죠.

재료 3인분

크래미 90g
달걀 2개
대파(또는 부추) 7g
당근 10g
현미유 적당량

응용 레시피

②에 팽이버섯이나 느타리버섯 20g을 잘게 다져 넣으면 **크래미버섯전**이 됩니다.

②에 통조림 옥수수 2큰술을 넣으면 **크래미옥수수전**이 됩니다.

②에 애호박 20g을 채 썰어 넣으면 **크래미애호박전**이 됩니다.

만드는 법 조리 시간 10분

1 크래미는 손으로 찢고 달걀은 풀어주고 대파와 당근은 아주 잘게 다져요.

2 볼에 ①을 넣고 잘 섞어요.

3 프라이팬에 현미유를 두르고 ②를 1큰술씩 올려 중약불에서 앞뒤로 뒤집어 가며 4~5분간 구워요.

TIP 유아식 초기에는 크래미 대신 게살을 넣고 대파 대신 부추, 애호박, 브로콜리를 넣어 주세요.

참치야채전

고소한 참치와 채소를 섞어 만든 전은 누구나 좋아하는 메뉴입니다. 쉽고 빠르게 만들 수 있고 아이도 어른도 함께 먹을 수 있어요.

재료　　　　　3인분

통조림 참치 75g
달걀 1개
양파 20g
애호박 20g
당근 15g
현미유 적당량

응용 레시피

②에 통조림 옥수수 3~4큰술 넣으면 **참치옥수수전**이 됩니다.

만드는 법　　　　　조리 시간 15분

1　달걀을 준비하고 통조림 참치는 기름을 버려요. 양파, 애호박, 당근은 아주 잘게 다져요.

2　볼에 ①과 달걀을 넣고 잘 섞어요.

3　프라이팬에 현미유를 두르고 ②를 1큰술씩 올려 중약불에서 앞뒤로 뒤집어 가며 4~5분간 구워요.

TIP 통조림 참치는 개봉 후 그릇에 담아 5분 이상 두어야 '퓨란'이라는 발암물질이 증발합니다. 브로콜리, 파프리카, 버섯 등을 넣으면 더욱 맛있어요.

새우두부전

키토산, 칼슘, 타우린이 가득한 영양 만점 새우로 만든 전입니다. 톡톡 씹히는 식감이 좋고 부드럽고 고소해 색다른 맛을 느끼게 해줘요.

재료   3~4인분

새우 150g

애호박 20g

파프리카(또는 당근) 10g

양파 20g

달걀 1개

부침가루(또는 밀가루) 1큰술

두부 80g

현미유 적당량

만드는 법   조리 시간 10분

1   새우는 껍질과 내장을 제거하고 다져요. 애호박, 파프리카, 양파는 아주 잘게 다져요.

2   볼에 ①과 달걀, 부침가루를 넣고 잘 섞어요.

3   두부를 으깨 넣고 섞어요.

4   프라이팬에 현미유를 두르고 ③을 1큰술씩 올려 중불에서 앞뒤로 뒤집어 가며 3~4분간 구워요.

TIP   둥글넙적한 반죽 위에 빵가루를 소량 묻혀 구우면 더욱 바삭해져요.

두부오코노미야끼

두부로 만드는 오코노미야끼입니다. 아이 반찬으로도 간식으로도 부담 없이 좋아요. 두부를 넣어 고소해 아이가 잘 먹어요. 다이어트식으로도 좋습니다.

재료　　3인분

두부 150g
달걀 2개
양배추 80g
새우 50g
전분 1큰술
현미유 적당량
돈가스 소스 소량
마요네즈 소량
가쓰오부시 2큰술

만드는 법　　조리 시간 10분

1　두부는 으깨고 달걀은 풀어주고 양배추는 얇게 채 썰어요. 새우는 껍질과 내장을 제거하고 1cm 크기로 잘라요.

2　볼에 두부, 달걀물, 양배추, 전분을 넣고 섞어요.

3　프라이팬에 현미유를 두르고 ②를 올려요. 여기에 새우를 올리고 중불에서 4분간 구워요.

4　그릇에 옮겨 담아 돈가스 소스와 마요네즈를 뿌리고 가쓰오부시를 올려 주세요.

TIP　새우 대신 오징어나 모둠 해물을 넣어도 돼요.

감자전

비타민 C가 풍부해 땅속 사과라 불리는 감자로 전을 만들어 보았어요. 부드러운 감자전과 바삭한 감자전을 모두 만들어 보아요.

재료　　　　3~4인분

감자 250g
현미유 적당량

응용 레시피

감자 90g을 채 썰거나 다져 부침가루 1큰술, 물 1큰술과 섞어 구우면 바삭한 **감자채전**이 됩니다.

감자전 위에 아기 치즈를 잘라 올리면 **치즈감자전**이 됩니다.

만드는 법　　　　　　　　　조리 시간 15분

1　감자는 껍질을 벗기고 강판이나 믹서기에 갈아 체에 걸러요.

2　체에 거른 물은 그대로 두었다가 윗물을 버리고 가라앉은 감자 전분만 남겨요.

3　①의 감자 건더기와 ②의 감자 전분을 섞어요.

4　달군 프라이팬에 현미유를 두르고 ③을 1큰술씩 올려 중약불에서 앞뒤로 뒤집어 가며 3~4분간 구워요.

TIP　당근, 양파, 새우 등을 다지거나 갈아 넣으면 맛이 더 좋아요. 체에 거르는 과정이 번거롭다면 감자를 갈아 전분이나 부침가루와 섞어 만드는 방법도 있어요.

당근양파전

비타민 A의 황제라고 불리는 당근으로 만든 전입니다. 채소를 싫어하는 아이에게 만들어 주세요. 먹고 또 먹게 되는 전이에요.

재료 2인분

당근 35g
양파 30g
부침가루(또는 밀가루) 2큰술
물 1.5큰술
현미유 적당량

응용 레시피

②에 밥새우 1/3큰술 또는 다진 새우 20g을 넣으면 **새우당근양파전**이 됩니다.

②에 크래미 30g을 잘게 찢어 넣으면 **크래미당근양파전**이 됩니다.

만드는 법

조리 시간 10분

1 당근과 양파는 잘게 다져요.

2 볼에 당근, 양파, 부침가루, 물을 넣고 잘 섞어요.

3 프라이팬에 현미유를 두르고 ②를 1큰 술씩 올려요.

4 중약불에서 앞뒤로 뒤집어 가며 4~5분 간 구워요.

TIP 간이 부족하다 느껴지면 아기 소금 1꼬집을 넣어 주세요.

애호박전

비타민과 식이 섬유가 풍부한 애호박으로 맛있는 전을 부쳐요. 아이는 물론 어른을 위한 반찬으로도 손색이 없답니다.

재료 2인분

애호박 60g
부침가루(또는 밀가루) 2.5큰술
물 2큰술
현미유 적당량

응용 레시피

아기 치즈 조각을 올리면 **애호박치즈전**이 됩니다.

애호박 30g을 통으로 얇게 썰어 부침가루와 달걀물을 차례로 묻혀 구우면 **통애호박전**이 됩니다.

만드는 법 조리 시간 10분

1 애호박은 잘게 다져요.

2 볼에 애호박, 부침가루, 물을 넣고 잘 섞어요.

3 프라이팬에 현미유를 두르고 ②를 1큰술씩 올려요.

4 중약불에서 앞뒤로 뒤집어 가며 4~5분간 구워요.

야채전

다양한 채소를 넣어 만든 촉촉하고 고소한 전입니다. 채소를 잘 안 먹는 아이에게 만들어 주면 잘 먹을 거예요. 냉장고에 있는 채소들로 만들어 보세요.

재료   2인분

애호박 40g
감자 30g
당근 20g
양파 20g
달걀 1개
부침가루(또는 밀가루) 1큰술
현미유 적당량

만드는 법   조리 시간 10분

1 애호박, 감자, 당근, 양파는 채 썰어요.

2 볼에 ①의 채소, 달걀, 부침가루를 넣어 잘 섞고 가위로 1~2번 잘라요.

3 프라이팬에 현미유를 두르고 ②를 1큰술씩 올려요.

4 중약불에서 앞뒤로 뒤집어 가며 4~5분간 구워요.

TIP 야채큐브(310쪽 참고)를 활용하면 조리 시간을 단축할 수 있어요. 달걀 또는 부침가루 중 1가지는 제외하고 만들어도 괜찮아요.

팽이버섯달걀전

쫄깃하고 고소한 팽이버섯으로 만든 전입니다. 팽이버섯은 단백질, 식이 섬유, 비타민, 미네랄을 함유해 영양 균형이 좋아요.

재료
3인분

팽이버섯 80g
대파(또는 부추) 7g
당근 7g
달걀 2개
아기 소금 1~2꼬집
현미유 적당량

응용 레시피

②에 느타리버섯과 표고버섯 등을 다져 함께 넣으면 **버섯모둠전**이 됩니다.

②에 크래미 30g를 잘게 찢어 넣으면 **크래미버섯전**이 됩니다.

만드는 법
조리 시간 10분

1 팽이버섯은 1cm 크기로 자르고 달걀은 풀어주고 대파와 당근은 잘게 다져요.

2 볼에 ①과 아기 소금을 넣고 잘 섞어요.

3 프라이팬에 현미유를 두르고 ②를 1큰술씩 올려요.

4 중약불에서 앞뒤로 뒤집어 가며 4~5분간 구워요.

TIP 바삭한 식감을 원할 때는 부침가루나 튀김가루를 1큰술 넣어 주세요.

브로콜리치즈전

브로콜리를 좋아하는 아이가 어디 있을까요? 브로콜리를 편식하는 아이를 위한 메뉴입니다. 브로콜리 특유의 맛을 없애 주는 브로콜리치즈전이에요.

재료　　　　2인분

브로콜리 50g
피자 치즈 50g
현미유 적당량

만드는 법　　　　조리 시간 10분

1　브로콜리는 식초와 베이킹소다로 깨끗하게 씻어요.

2　믹서기나 초퍼에 브로콜리와 피자 치즈를 넣고 갈아요.

3　프라이팬에 현미유를 두르고 ②를 1큰술씩 올려 중불에서 앞뒤로 뒤집어 가며 6분간 구워요.

> TIP 피자 치즈 대신 아기 치즈 2.5장이나 스트링 치즈 50g을 넣어도 돼요. 치즈 밑면이 익어야 뒤집히니 시간을 충분히 두고 구워 주세요.

Part

6

반찬

아이의 식단을 다양하게 만들어 주는 반찬 메뉴입니다. 매일 하는 반찬 걱정을 덜 수 있도록 최대한 다양한 메뉴를 소개했어요. 매 끼니에 빠질 수 없는 단백질 위주의 육류, 해산물, 달걀과 두부 반찬, 식이 섬유가 가득한 채소 반찬까지. 아이에게 다양한 식단을 제공해 주세요.

소고기애호박볶음

단백질이 가득한 소고기와 애호박을 이용해 만든 반찬이에요. 밥에 비벼줘도 잘 먹을 거에요. 한 번 만들면 자주 만들게 되는 반찬으로 재료도 간단해요.

재료   1인분

소고기 우둔살(또는 안심) 50g
애호박 40g
채수 70ml
올리브유 적당량
아기 간장 1/3큰술
참기름 소량
참깨 소량

응용 레시피

소고기 대신 새우 30g 또는 밥새우 1/3큰술을 넣으면 **새우애호박볶음**이 됩니다.

만드는 법   조리 시간 10분

1   소고기 우둔살과 애호박은 채 썰어요.

2   프라이팬에 채수를 붓고 애호박을 중약불에서 4~5분간 익혀요.

3   채수가 졸아들면 애호박을 한쪽으로 밀고 올리브유를 둘러요. 소고기 우둔살을 넣어 1~2분간 볶아요.

4   소고기가 익으면 애호박과 섞고 아기 간장과 참기름을 넣어 1분간 볶아요. 참깨로 마무리해요.

소고기양송이볶음

철분이 가득한 소고기와 부드러운 양송이버섯을 볶아낸 반찬이에요. 아이 반찬으로도 덮밥으로도 먹기 좋아요.

재료 1인분

소고기 다짐육 40g
양송이버섯 20g
양파 15g
올리브유 적당량
아기 간장(또는 굴소스) 1/3큰술
아가베 시럽 1/3큰술

응용 레시피

마지막에 아기 간장을 1/2큰술, 물 130ml, 전분물 1큰술을 넣고 30초간 끓이면 **소고기양송이덮밥**이 됩니다.

만드는 법 조리 시간 10분

1 소고기 다짐육을 준비하고 양송이버섯과 양파는 채 썰어요.

2 프라이팬에 올리브유를 두르고 소고기 다짐육과 양파를 중약불에서 2분간 볶아요.

3 양송이버섯을 넣고 1분간 볶아요.

4 아기 간장과 아가베 시럽을 넣고 30초간 볶아요.

소고기청경채볶음

단백질과 철분이 가득한 소고기와 청경채를 넣고 볶은 반찬이에요. 응용하기 좋은 조리법이라 채소만 변경해서 다양하게 요리하기 좋아요.

재료   2인분

소고기 안심 110g
청경채 30g
양파 10g
당근 10g
다진 마늘 1/3큰술
올리브유 적당량
굴소스 1/3큰술
참기름 1/3큰술

만드는 법   조리 시간 10분

1 소고기 안심과 청경채는 3cm 크기로 자르고 양파와 당근은 채 썰어요.

2 프라이팬에 올리브유를 두르고 다진 마늘, 양파, 당근을 중불에서 1분 30초간 볶아요.

3 소고기 안심과 청경채를 넣고 중약불에서 2분간 볶아요.

4 굴소스를 넣고 강불에서 1분간 볶다가 참기름을 넣어 마무리해요.

TIP 굴소스 대신 아기 간장 1큰술과 아가베 시럽 1/2큰술을 넣어도 돼요. 청경채 대신 버섯, 배추, 양배추, 파프리카, 브로콜리 등 다양한 채소를 넣을 수 있어요.

소고기밤감자조림

포슬포슬한 감자와 달콤한 밤 그리고 고소한 소고기가 더해져 밥과 잘 어울리는 반찬이 탄생했습니다. 달콤한 맛 덕분에 아이가 정말 좋아할 거예요.

재료 1인분

소고기 안심 80g
감자 30g
아기 맛밤 5알
올리브유 1/3큰술
채수 180ml
아기 간장 1큰술
아가베 시럽 1큰술
참기름 소량

만드는 법 조리 시간 10분

1 소고기 안심과 감자는 먹기 좋은 크기로 깍둑썰기 하고 아기 맛밤은 반으로 잘라요.

2 냄비에 올리브유를 두르고 소고기 안심과 감자를 중불에서 1분간 볶아요.

3 채수를 붓고 아기 맛밤, 아기 간장, 아가베 시럽을 넣어 중불에서 7~8분간 졸여요.

4 자작하게 졸아들면 참기름을 넣어 마무리해요.

TIP 아기 맛밤 대신 고구마나 단호박을 넣어도 돼요. 어른 반찬에는 아기 간장을 1.5배 늘려요.

소고기메추리알장조림

아이들도 어른도 좋아하는 장조림 반찬이에요.
번거로운 과정을 없애 간단하고 쉽게 만들 수 있어요.
밥, 죽, 누룽지 반찬으로 최고입니다.

재료

소고기 다짐육 150g

삶은 메추리알 300g

올리브유 적당량

채수 300ml

다진 마늘 1/2큰술

아기 간장 4큰술

아가베 시럽 2큰술

참깨 1/2큰술

참기름 1/2큰술

만드는 법

1 소고기 다짐육을 준비하고 삶은 메추리알은 껍질을 벗겨요.

2 프라이팬에 올리브유를 두르고 소고기 다짐육을 중불에서 1분 30초간 볶아요.

3 채수를 붓고 삶은 메추리알, 다진 마늘, 아기 간장, 아가베 시럽을 넣어 강불에서 10분간 졸여요.

4 자작하게 졸아들면 불을 끄고 참깨와 참기름을 넣어 마무리해요.

응용 레시피

소고기 다짐육을 제외하면 **메추리알장조림**이 되고, 삶은 메추리알을 제외하면 **소고기소보로조림**이 됩니다.

찹스테이크

채소와 고기가 어우러진 누구나 좋아하는 찹스테이크예요. 달콤하고 부드러워
아이가 참 좋아해요. 요리 못하는 아빠도 간단하고 쉽게 만들 수 있어요.

재료   2인분

소고기 안심 120g

양송이버섯 25g

양파 30g

파프리카 15g

브로콜리 10g

올리브유 적당량

무염버터 10g

소스

토마토소스 1/2큰술

아가베 시럽 1/3큰술

굴소스 1/3큰술

만드는 법   조리 시간 10분

1 소고기 안심, 양송이버섯, 양파, 파프리카 는 2~3cm 크기로 깍둑썰기 하고 브로콜리 는 잘게 잘라요.

2 볼에 토마토소스, 아가베 시럽, 굴소스를 넣고 섞어요.

3 프라이팬에 올리브유를 두르고 양파, 파프 리카, 브로콜리를 중약불에서 2분간 볶아요.

4 무염버터, 소고기 안심, 양송이버섯을 넣고 2분간 볶아요.

5 ②의 소스를 붓고 강불에서 30초간 볶 아요.

TIP 소고기 안심 대신 등심, 채끝살, 우둔살 등을 넣어도 돼요. 토마토소스가 없다면 제외해도 괜 찮아요. 소스가 없다면 ④에서 30초 정도 더 볶아 마무리해 주세요.

돈육가지양파볶음

칼슘, 마그네슘, 식이 섬유가 가득한 가지를 돼지고기와 함께 볶은 반찬입니다.
가지를 싫어하는 아이를 위해 만들었어요. 고기가 함께 있어서 그런지
아이가 잘 먹어요. 다양한 채소를 접할 수 있게 만들어 주세요.

돼지고기 등심(잡채용) 80g
가지 30g
양파 20g
올리브유 적당량
다진 마늘 1/3큰술
물 30ml
아기 간장 1큰술
아가베 시럽 1/2큰술

만드는 법　　　　　조리 시간 10분

1 돼지고기 등심은 4cm 길이로 자르고 가지와 양파는 1cm 크기로 깍둑썰기 해요.

2 프라이팬에 올리브유를 두르고 가지, 양파, 다진 마늘을 중약불에서 2분간 볶아요.

3 물을 붓고 2분간 익혀요.

4 가지와 양파를 한쪽으로 밀고 돼지고기 등심을 중약불에서 2분간 볶아요.

5 아기 간장, 아가베 시럽을 넣고 모두 30초간 볶아 마무리해요.

TIP 어른 반찬에는 가지 1/2개를 어슷썰기 하고 굴소스 1/2큰술을 추가해 주세요.

돈육콩나물볶음

아삭아삭한 콩나물과 돼지고기를 볶은 반찬입니다. 맛 좋은 콩나물 불고기를
유아식으로 만들어 보았어요. 콩나물을 이용해 다양한 요리를 만들어 보세요.

재료   2인분

돼지고기 등심(잡채용) 60g

콩나물 65g

양파 10g

당근 5g

물 2큰술

올리브유 적당량

아기 간장(또는 굴소스) 1/3큰술

참기름 소량

응용 레시피

돼지고기 대신 어묵 60g을 넣
으면 **어묵콩나물볶음**이 됩니다.

돼지고기 대신 훈제오리 60g을
넣으면 **훈제오리콩나물볶음**이
됩니다.

만드는 법   조리 시간 10분

1   돼지고기 등심은 반으로 자르고 콩나물
은 깨끗이 씻고 양파와 당근은 채 썰어요.

2   내열 용기에 콩나물과 물을 담고 전자레
인지에 3~4분간 돌린 후 찬물로 헹궈요.

3   프라이팬에 올리브유를 두르고 돼지고
기 등심을 중약불에서 1분간 볶다가 양파와
당근을 넣어 2분간 더 볶아요.

4   ②의 콩나물과 아기 간장을 넣고 1~2분
간 볶다가 참기름을 넣어 마무리해요.

TIP   어른 반찬에는 아기 간장과 참기름을 2배로 늘리고 고춧가루 1/2큰술을 추가해 주세요.

대패청경채
숙주볶음

재료　　　　　　3인분

대패 삼겹살 120g

청경채 15g

숙주 60g

다진 마늘 1/3큰술

아기 간장 1/2큰술

아가베 시럽 1/2큰술

단백질, 비타민, 미네랄이 가득한 대패 삼겹살과 청경채, 숙주를 넣어 볶은 반찬입니다. 대패 삼겹살로 만들어 아이들이 먹기 부드러워요.

만드는 법　　　　　　　　　　　　　　　　　　조리 시간 10분

1　대패 삼겹살은 세로로 3등분하고 청경채와 숙주는 반으로 잘라요.

2　프라이팬에 대패 삼겹살과 다진 마늘을 넣고 중불에서 2~3분간 볶아요.

3　청경채, 숙주, 아기 간장, 아가베 시럽을 넣고 강불에서 1분간 볶아요.

TIP　어른 반찬에는 굴소스 1/2큰술을 추가해 주세요. 청경채와 숙주 대신 양파, 부추, 버섯 등을 넣어도 돼요. 대신 들어갈 채소는 중약불에서 볶아 주세요.

돈육잡채

영양 만점이면서 누구나 좋아하는 반찬인 잡채를 간단하고 빠르게 만들었어요.
잡채 만드는 과정이 번거롭다는 인식을 바꿔주는 레시피입니다.

재료　　　　　　　　　　4인분

돼지고기 등심(잡채용) 80g

양파 20g

당근 10g

파프리카 15g

표고버섯 15g

느타리버섯 15g

시금치 잎 15g

당면 80~100g

물 300ml

올리브유 적당량

소스

아기 간장 1.5큰술

참기름 1/2큰술

아가베 시럽 1큰술

다진 마늘 1/3큰술

참깨 1/3큰술

응용 레시피

프라이팬에 돈육잡채 130g, 굴
소스 1/2큰술, 물 2큰술을 넣고
1~2분간 끓이면 **돈육잡채덮밥**
이 됩니다.

만드는 법　　　　　　　　　조리 시간 20분

1　양파, 당근, 파프리카, 표고버섯은 채 썰
고 느타리버섯은 손으로 찢어 준비해요. 시
금치는 잎만 잘게 잘라요.

2　내열 용기에 당면과 물을 넣고 전자레인
지에 7분간 돌린 뒤 찬물로 헹궈요.

3　볼에 아기 간장, 참기름, 아가베 시럽, 다
진 마늘, 참깨를 넣고 섞어요.

4　프라이팬에 올리브유를 두르고 돼지고기
등심을 중약불에서 1분간 볶다가 시금치를
제외한 모든 채소를 넣어 3분간 더 볶아요.

5　시금치, ②의 당면, ③의 소스를 넣은 후
2분간 볶아 마무리 해요.

TIP　돈육잡채는 소분해 냉동 보관할 수 있어요(2주 이내 소진).

등갈비찜

생각보다 만들기 간단하고 맛도 보장하는 등갈비찜이에요.
밥 안 먹는 아이에게 강력 추천해요. 아이가 생각보다 엄청 좋아하고 잘 먹어요.
어른이 먹어도 맛있는 메뉴입니다.

재료　　2인분

돼지고기 등갈비 7개
양파 300g
당근 15g
채수 500ml
아기 간장 3큰술
아가베 시럽 1.5큰술
다진 마늘 1/3큰술

만드는 법　　조리 시간 30분

1　돼지고기 등갈비를 준비하고 양파는 깍둑썰기 하고 당근은 나박썰기 해요.

2　돼지고기 등갈비는 찬물에 20~30분간 담가 핏물을 제거해요.

3　끓는 물에 돼지고기 등갈비를 5분간 데치고 찬물로 헹궈요.

4　냄비에 채수를 붓고 돼지고기 등갈비, 아기 간장, 아가베 시럽, 다진 마늘을 넣어 강불에서 10분간 끓여요.

5　양파와 당근을 넣고 중불에서 육수가 졸아들 때까지 5분간 끓여요.

TIP　돼지고기 등갈비의 핏물을 제거할 시간이 없다면 ③에서 2~3분만 시간을 추가해 주세요.

돈육사태영양찜

돼지고기에 채소를 골고루 넣어 만든 반찬이에요.
달짝지근한 맛에 고기도 부드럽고 채소도 잘 어우러져 아이가 잘 먹어요.
어른도 함께 먹기 좋아요.

재료   3인분

돼지고기 사태 150g

표고버섯 15g

새송이버섯 15g

당근 15g

무 40g

밤(또는 아기 맛밤) 6알

양파 30g

채수 360ml

소스

배 100g

양파 30g

당근 15g

아기 간장 2.5큰술

아가베 시럽 1큰술

다진 마늘 1/2큰술

만드는 법   조리 시간 25분

1 돼지고기 사태, 표고버섯, 새송이버섯, 당근, 무, 밤, 양파는 1~2cm 크기로 깍둑썰기 해요.

2 믹서기나 초퍼에 소스용 배, 양파, 당근을 넣고 갈아요.

3 아기 간장, 아가베 시럽, 다진 마늘을 넣고 섞어요.

4 끓는 물에 돼지고기 사태를 2~3분간 데치고 찬물로 헹궈요.

5 냄비에 채수를 붓고 돼지고기 사태, ①의 채소, ③의 소스를 넣어 중불에서 15분간 끓여요.

TIP 돼지고기 사태 대신 앞다리 살코기, 갈비, 안심을 넣어도 돼요. 소스로 만들 배가 없을 때는 배즙이나 사과즙을 넣으면 돼요.

돈육탕평채

아이들이 의외로 좋아하는 묵을 가지고 만든 반찬이에요.
다양한 채소와 청포묵이 어우러져 담백하고 쫄깃해요.
아직 묵을 먹어보지 않은 아이에게 추천해요.

재료　　　　　　　3인분

돼지고기 등심(잡채용) 60g

청포묵 50g

애호박 10g

당근 10g

표고버섯 5g

숙주 25g

물 700ml

올리브유 적당량

다진 마늘 1/3큰술

구이김 3장

소스

아기 간장 1큰술

아가베 시럽 1/2큰술

깨소금 1/2큰술

참기름 1/2큰술

만드는 법　　　　　　　조리 시간 15분

1 돼지고기 등심은 4cm 길이로 잘라 준비해요. 청포묵, 애호박, 당근, 표고버섯은 4cm 길이로 채 썰고 숙주는 깨끗하게 씻어요.

2 냄비에 물을 붓고 끓어오르면 청포묵을 2분간 데치고 건져요.

3 ①의 채소를 4분간 데치고 건져요.

4 프라이팬에 올리브유를 두르고 돼지고기 등심과 다진 마늘을 넣고 중약불에서 2분간 볶아요.

5 볼에 ②의 청포묵, ③의 채소, ④의 돼지고기 등심, 잘게 자른 구이김, 소스 재료를 넣고 버무려요.

TIP 돼지고기 등심 대신 달걀지단을 넣어도 돼요. 24개월 이전 아이에게는 질기지 않은 김을 사용해 주세요. 구이김 반장 진맛김을 추천해요.

항정살된장구이

쫄깃하고 고소한 항정살을 된장 양념으로 볶은 반찬이에요. 된장의 감칠맛이
더해져 풍미도 좋아요. 아이가 엄지 척하며 잘 먹어요.

재료　　　　　　　2인분

돼지고기 항정살 120g
올리브유 적당량

소스

아기 된장 1/3큰술
물 1/3큰술
아가베 시럽 1/3큰술
다진 마늘 1/3큰술

만드는 법　　　　　　　　　　　　　　　조리 시간 10분

1 돼지고기 항정살은 3등분해요.

2 볼에 아기 된장, 물, 아가베 시럽, 다진
마늘을 넣고 섞어요.

3 돼지고기 항정살에 ②의 소스를 넣고 버
무려요.

4 프라이팬에 올리브유를 두르고 ③을 중
불에서 4분간 구워요.

TIP 양파, 당근, 애호박, 파프리카 등 채소를 함께 볶아도 맛있어요. 어른 반찬에는 된장과 간장을
소량 추가해 주세요.

닭안심허니버터 볶음

단백질 가득한 닭고기를 아이가 좋아할 만한 달콤한 소스로 볶은 반찬이에요. 간단하지만 닭고기를 맛있게 먹을 수 있는 레시피입니다.

재료   2인분

닭안심 120g
파프리카 20g
양파 20g
무염버터 10g
아기 간장 1큰술
꿀 1큰술

만드는 법   조리 시간 10분

1 닭안심은 근막과 힘줄을 제거하고 파프리카, 양파와 함께 2cm 크기로 썰어요.

2 프라이팬에 무염버터, 닭안심, 양파를 넣고 중불에서 2분간 볶아요.

3 파프리카를 넣고 30초간 볶아요.

4 아기 간장과 꿀을 넣고 2분간 볶아요.

TIP 닭안심 대신 닭다리살 또는 닭가슴살을, 파프리카 대신 당근 또는 애호박을 넣어도 돼요.

닭안심브로콜리카레볶음

닭안심과 영양 가득한 브로콜리를 볶은 반찬입니다.
카레 가루를 넣어 아이가 거부감 없이 먹을 수 있어요.
슈퍼 푸드가 듬뿍 담긴 건강한 요리예요.

재료　　　　　　　2인분

닭안심 100g

브로콜리 20g

양파 20g

물 65ml

올리브유 적당량

카레 가루 1큰술

만드는 법

1　닭안심은 근막과 힘줄을 제거하고 브로
콜리, 양파와 함께 1~2cm 크기로 썰어요.

2　내열 용기에 브로콜리와 물 15ml를 담고
전자레인지에 1분간 돌려요.

3　프라이팬에 올리브유를 두르고 닭안심
과 양파를 중불에서 2분간 볶아요.

4　물 50ml를 붓고 카레 가루를 넣어 3분
간 저어요.

5　불을 끄고 ②의 브로콜리를 넣어 잔열로
볶아요.

TIP　닭안심 대신 닭다리살 또는 닭가슴살을 넣어도 돼요.

닭다리살토마토볶음

비타민 B와 나이아신이 풍부하게 함유된 닭다리살과 비타민, 무기질, 식이 섬유가 가득한 토마토소스를 함께 볶은 요리입니다.

재료 2인분

닭다리살 120g
양파 20g
파프리카 15g
양송이버섯 15g
브로콜리 10g
올리브유 적당량
토마토소스 50ml
아가베 시럽 1큰술
아기 간장 1/3큰술

만드는 법 조리 시간 15분

1 닭다리살은 2cm 크기로 자르고 양파, 파프리카, 양송이버섯, 브로콜리는 1cm 크기로 잘라요.

2 달군 프라이팬에 올리브유를 두르고 닭다리살을 중불에서 앞뒤로 5분간 구워요.

3 ①의 채소를 넣고 2~3분간 볶아요.

4 토마토소스, 아가베 시럽, 아기 간장을 넣고 2분간 끓여요.

TIP 토마토를 잘 먹는 아이는 생토마토나 방울토마토를 넣어도 좋아요. 껍질을 벗겨 120g 정도는 갈고, 60g 정도는 잘게 잘라 넣어 주세요.

닭다리살스테이크

비타민 B가 풍부한 닭다리살을 촉촉하고 부드럽게 구운 반찬입니다. 아이도 어른도 함께 먹을 수 있어요. 간단하지만 너무 맛있어요.

재료 1인분

닭다리살 160g

우유 50ml

다진 마늘 소량

아기 간장 1/2큰술

아가베 시럽 1/3큰술

후추 소량

올리브유 적당량

만드는 법 조리 시간 20분

1 닭다리살을 우유에 10분 이상 담가 잡내를 제거해요.

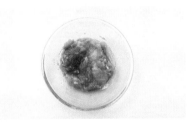

2 볼에 닭다리살, 다진 마늘, 아기 간장, 아가베 시럽, 후추를 넣고 버무려요.

3 달군 프라이팬에 올리브유를 두르고 중약불에서 앞뒤로 12~13분간 구워요.

TIP 바삭한 식감을 원한다면 에어프라이어 180도에서 5분간 추가로 구워 주세요. 어른 반찬에는 후추 소량, 굴소스 1/2큰술을 추가해 주세요.

닭다리버터갈릭구이

닭다리를 노릇하게 구운 요리로 아이도 어른도 정말 좋아해요.
닭다리는 지방과 단백질이 조화로워 아이가 먹기 좋은 부위예요.
건강하고 간단하고 맛있어요.

재료

닭다리 3개
우유 120ml

소스

무염버터 10g
아기 간장 1/2큰술
아가베 시럽 1큰술
다진 마늘 1큰술

만드는 법

1 닭다리는 앞뒤로 칼집을 내고 우유에 20분 이상 담가 잡내를 제거해요.

2 볼에 살짝 녹인 무염버터, 아기 간장, 아가베 시럽, 다진 마늘을 넣고 섞어요.

3 닭다리를 흐르는 물에 씻고 ②의 소스를 골고루 묻혀요.

4 에어프라이어 200도에서 15분간 굽고 뒤집어 10분간 더 구워요.

응용 레시피

무염버터 10g, 아기 간장 1큰술, 아가베 시럽 1.5큰술만 넣으면 **닭다리허니버터구이**가 됩니다.

TIP 닭다리 대신 닭다리살로 만들면 조리 시간을 단축할 수 있어요.

닭봉사과소스조림

닭봉을 비타민 C와 식이 섬유가 가득한 사과소스로 졸여 만든 반찬입니다.
사과의 달콤함 덕분에 먹으면 먹을수록 자꾸만 더 먹게 되는 맛입니다.

재료 2~3인분

닭봉 14개
사과 1/2개
채수 200ml
아기 간장 1.5큰술
아가베 시럽 1/2큰술
다진 마늘 1/3큰술

만드는 법 조리 시간 20분

1 닭봉을 찬물로 깨끗하게 씻어요.

2 끓는 물에 닭봉을 8분간 삶고 찬물로 헹궈요.

3 사과는 껍질을 벗기고 강판이나 믹서기에 갈아 볼에 담아요.

4 ③에 채수를 붓고 아기 간장, 아가베 시럽, 다진 마늘을 넣어 섞어요.

5 프라이팬에 ④를 붓고 닭봉을 중약불에서 앞뒤로 뒤집어 가며 10분간 구워요.

TIP 감자, 양파, 당근 등을 깍둑썰기 해 함께 조리해도 맛있어요. 사과 대신 사과즙을 넣어도 돼요.

찜닭

아이가 좋아할 수밖에 없는 찜닭이에요.
식이 섬유가 풍부한 고구마와 당근을 넣어 감칠맛이 넘쳐요.
어른도 함께 먹기 좋습니다.

재료　　　　　　　　　2인분

닭(닭볶음탕용) 300g

고구마 70g

무 45g

당근 45g

물 50ml

채수(또는 물) 250ml

소스

아기 간장 4큰술

아가베 시럽 3큰술

다진 마늘 1/2큰술

참기름 1/3큰술

만드는 법　　　　　　　　　조리 시간 25분

1　고구마, 무, 당근은 3~4cm 크기로 썰고
모서리를 둥글게 다듬어요.

2　끓는 물에 닭을 30초~1분간 데쳐요.

3　볼에 아기 간장, 아가베 시럽, 다진 마늘,
참기름을 넣고 섞어요.

4　냄비에 채수를 붓고 ①의 채소, ②의 닭,
③의 소스를 넣어 중약불에서 20분간 끓여요.

TIP　고구마 대신 감자를 넣어도 좋고 무와 당근은 제외해도 돼요. 삶은 당면이나 떡을 사리로 넣
으면 더욱 맛있습니다. 어른 반찬에는 굴소스 1/3큰술을 추가해 주세요.

닭안심장조림

닭안심으로 만든 장조림으로 소고기장조림보다 부드러워 아이가 먹기 좋아요.

재료　　　　　　　3인분

닭안심 180g
표고버섯 30g
물 1L
채수 200ml
아기 간장 3큰술
아가베 시럽 2큰술

만드는 법　　　　　　　조리 시간 30분

1 닭안심은 근막과 힘줄을 제거하고 표고
버섯은 채 썰어요.

2 냄비에 물을 붓고 끓어오르면 닭안심을
넣어 중불에서 10분간 끓여요. 닭안심을 건
지고 불순물을 제거해요.

3 닭안심은 손으로 잘게 찢고 육수는 150ml
정도 따로 담아요.

4 냄비에 채수와 육수를 붓고 닭안심, 표
고버섯, 아기 간장, 아가베 시럽을 넣어 중불
에서 15분간 졸여요.

TIP 삶은 메추리알의 껍질을 벗겨 넣어도 맛있어요.

훈제오리파인애플 볶음

새콤달콤한 파인애플과 고소한 훈제오리로 만든 반찬이에요. 반찬으로도 덮밥으로도 훌륭한 메뉴입니다. 어른도 함께 먹기 좋아요.

재료   3인분

훈제오리 50g

후룻볼 파인애플 40g

양파 20g

당근 8g

올리브유 적당량

응용 레시피

볶음 재료를 한쪽으로 밀고 올리브유를 둘러 달걀 1개를 30초간 볶아 주세요. 스크램블에 그와 볶음 재료를 섞어 30초간 볶아 밥 위에 올리면 **훈제오리파인애플달걀덮밥**이 됩니다.

만드는 법   조리 시간 10분

1   훈제오리와 후룻볼 파인애플은 깍둑썰기 하고 양파와 당근은 나박썰기 해요.

2   프라이팬에 올리브유를 두르고 양파와 당근을 중약불에서 2분간 볶아요.

3   훈제오리를 넣고 1분간 볶아요.

4   불을 끄고 후룻볼 파인애플을 넣어 잔열로 볶아 마무리해요.

TIP   훈제 오리는 무항생제이면서 화학첨가물, 보존료, 색소가 적은 제품을 사용해 주세요.

어묵카레볶음

쫄깃한 어묵에 카레 가루를 넣어 볶은 반찬입니다. 그냥 먹어도 맛있는 어묵에
카레 가루를 넣으니 더욱 맛있어요. 어른도 함께 먹기 좋아요.

재료   2인분

어묵 1장
양파 10g
당근 10g
올리브유 적당량
물 50ml
카레 가루 1큰술

응용 레시피

카레 가루 대신 아기 간장(또는
굴소스) 1/3큰술과 아가베 시럽
1/3큰술을 넣고 볶으면 **어묵볶
음**이 됩니다.

②에 브로콜리 40g을 추가해
볶으면 **어묵브로콜리볶음**이 됩
니다.

만드는 법   조리 시간 10분

1 어묵은 뜨거운 물에 담갔다가 건져 먹기   2 프라이팬에 올리브유를 두르고 ①을 중
좋은 크기로 자르고 양파와 당근은 채 썰어요.   불에서 2~3분간 볶아요.

3 물을 붓고 카레 가루를 넣어 저어 가며
1~2분간 볶아 완성해요.

TIP 어묵을 뜨거운 물에 담갔다가 건지면 식품첨가물(아질산나트륨, 소르빈산, 칼륨 등)의 일부가 떨어
져 나가요.

해물야채볶음

해산물에는 필수 아미노산과 비타민 등이 풍부하게 들어 있어 영양 보충에 좋아요. 아이의 영양을 위해서 해물야채볶음을 만들어 주면 어떨까요?

재료　　　　　　1인분

모둠 해물 100g
애호박 10g
양파 10g
당근 10g
올리브유 적당량
굴소스(또는 아기 간장) 1/3큰술
아가베 시럽 1/3큰술

만드는 법　　　　　　조리 시간 10분

1　모둠 해물은 찬물에 담가 해동하고 흐르는 물로 씻어요.

2　모둠 해물은 먹기 좋은 크기로 자르고 애호박, 양파, 당근은 나박썰기 해요.

3　프라이팬에 올리브유를 두르고 ②를 중약불에서 3분간 볶아요.

4　굴소스와 아가베 시럽을 넣고 30초간 볶아요.

TIP 어른 반찬에는 굴소스를 2배로 늘려 주세요.

멸치견과류볶음

칼슘의 왕이라고 불리는 멸치를 견과류와 함께 바삭하게 볶은 반찬이에요.
아이도 어른도 자꾸 먹게 되는 그런 맛이에요. 재료도 간단해서 만들기 편해요.

재료 4인분

세멸치 30g
모둠 견과류 30g
올리브유 1큰술
아가베 시럽 1큰술

만드는 법

1 세멸치를 준비하고 모둠 견과류는 잘게 조각내요.

2 프라이팬에 세멸치를 넣고 중약불에서 3분간 볶아요.

3 세멸치를 체로 옮겨 부스러기를 거르고 키친타월로 프라이팬을 닦아요.

4 프라이팬에 올리브유를 두르고 ③의 세멸치를 중불에서 30초~1분간 볶아요.

응용 레시피

쌀밥 100g에 멸치견과류볶음 2큰술, 참기름 1/3큰술을 섞어 뭉치면 **멸치주먹밥**이 됩니다.

5 모둠 견과류와 아가베 시럽을 넣고 30초간 볶아요.

TIP 모둠 견과류는 제외해도 괜찮고 마무리로 참깨를 뿌리면 더욱 고소해요. 세멸치는 부스러기가 많지 않아 ③을 생략해도 괜찮아요.

새우시금치볶음

초록 나물을 싫어하는 아이를 위해 만들어 본 반찬이에요. 영양 만점인 시금치와 새우에 버터가 더해져 고소하고 맛도 좋아요.

재료   2인분

새우 45g

시금치 45g

올리브유 적당량

다진 마늘 1/2큰술

무염버터 5g

아기 간장 1/3큰술

아가베 시럽 1/3큰술

응용 레시피

시금치 대신 느타리버섯 60g을 넣으면 **새우버섯볶음**이 됩니다.

만드는 법   조리 시간 10분

1   새우는 껍질과 내장을 제거해 3등분하고 시금치는 3cm 크기로 잘라요.

2   프라이팬에 올리브유를 두르고 새우와 다진 마늘을 중약불에서 2분간 볶아요.

3   무염버터, 시금치, 아기 간장, 아가베 시럽을 넣고 2분간 볶아요.

TIP   어른 반찬에는 아기 간장 대신 굴소스를 넣어 감칠맛을 살려 주세요.

가자미카레커틀릿

생선을 싫어하는 아이도 만족하는 반찬이에요. 카레 향과 바삭한 식감이 매력적입니다. 특유의 생선 냄새도 나지 않고 한번 먹으면 맛있어서 자꾸 먹게 돼요.

재료   1인분

가자미 순살 50g

달걀 1개

부침가루(또는 밀가루) 2/3큰술

카레 가루 1/3큰술

빵가루 2큰술

현미유 적당량

만드는 법   조리 시간 10분

1 가자미 순살을 4등분하고 달걀은 풀어요.

2 부침가루와 카레 가루를 섞어 가자미 순살에 묻혀요.

3 달걀물, 빵가루 순으로 튀김옷을 입혀요.

4 프라이팬에 현미유를 두르고 약불에서 앞뒤로 6분간 구워요.

TIP 가자미 대신 동태나 달고기 등 다른 흰살 생선으로 만들 수 있어요. 빵가루는 쉽게 타버리니 약불에서 서서히 익혀 주세요.

가자미감자크로켓

생선을 싫어하는 아이를 위해 감자 속에 가자미를 넣어 크로켓으로
만들었어요. 채소를 함께 넣어 크로켓 하나에 탄수화물, 단백질, 지방,
식이 섬유가 모두 담겨 있어요. 크로켓 하나만 먹어도 든든해요.

재료 2인분

가자미 순살 50g

감자 150g

양파 25g

당근 15g

애호박 15g

물 30ml

부침가루 2큰술

달걀 1개

빵가루 6큰술

현미유 적당량

만드는 법 조리 시간 20분

1 가자미는 손질해 준비해요. 감자는 껍질을 벗겨 4등분하고 양파, 당근, 애호박은 잘게 다져요.

2 ①을 각각 내열 용기에 담고 랩을 씌워 전자레인지에 돌려요. 가자미, 양파, 당근, 애호박은 2분 30초, 감자는 물을 넣고 5분이에요.

3 볼에 가자미 순살과 감자를 넣어 으깨고 양파, 당근, 애호박을 추가해 잘 섞어요.

4 반죽을 둥글납작한 모양으로 여러 개 만들어요.

5 부침가루, 달걀물, 빵가루 순으로 튀김옷을 입혀요.

6 프라이팬에 현미유를 두르고 ⑤를 약불에서 앞뒤로 5~6분간 구워요.

TIP 튀기지 않은 가자미감자크로켓은 냉동 보관할 수 있어요(2주 이내 소진).

오징어돈육볶음

타우린, 아미노산, 아연, DHA 등이 풍부하게 들어 있어
두뇌발달에 좋은 오징어와 돼지고기를 함께 볶은 반찬이에요.
오징어와 돼지고기의 식감이 달라 먹는 재미도 있어요.

돼지고기 등심(잡채용) 50g

오징어 50g

양파 20g

파프리카 10g

올리브유 적당량

소스

아기 간장 1큰술

아가베 시럽 1큰술

다진 마늘 1/3큰술

만드는 법　　　　　　　　　조리 시간 10분

1　돼지고기 등심과 껍질을 벗긴 오징어는 5cm 길이로 자르고 양파와 파프리카는 채 썰어요.

2　볼에 아기 간장, 아가베 시럽, 다진 마늘 을 넣고 섞어요.

3　프라이팬에 올리브유를 두르고 양파와 파프리카를 중불에서 1~2분간 볶아요.

4　돼지고기 등심과 오징어를 넣고 강불에 서 1분간 볶아요.

5　②의 소스를 넣고 강불에서 저어 가며 1 분간 볶아요.

TIP　오징어 껍질은 굵은 소금이나 키친타월을 이용해 잡아 뜯으면 쉽게 벗길 수 있어요.

가자미애호박 무조림

재료 2인분

가자미 순살 50g

무 50g

애호박 15g

대파 5g

채수 350ml

아기 간장 1큰술

아가베 시럽 1/2큰술

다진 마늘 1/3큰술

부드러운 가자미, 무, 애호박을 넣은 달큼하고 맛있는 무조림이에요. 가자미뿐만 아니라 다른 생선도 똑같은 방법으로 만들 수 있어요.

만드는 법 조리 시간 20분

1 가자미 순살은 4등분해 준비해요. 무와 애호박은 1cm 두께로 나박썰기 하고 대파는 송송 썰어요.

2 냄비에 채수를 붓고 무, 애호박, 아기 간장, 아가베 시럽, 다진 마늘을 넣어 강불에서 10분간 끓여요.

3 가자미 순살을 넣고 중불에서 5분간 끓여요.

4 마무리로 대파를 넣고 1분간 끓여요.

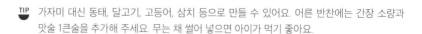

TIP 가자미 대신 동태, 달고기, 고등어, 삼치 등으로 만들 수 있어요. 어른 반찬에는 간장 소량과 맛술 1큰술을 추가해 주세요. 무는 채 썰어 넣으면 아이가 먹기 좋아요.

참치두부조림

노릇노릇하게 구운 두부와 참치가 만난, 호불호 없는 아이의 최애 반찬이에요.
단짠 조합으로 맛있게 잘 먹을 거예요. 밥에 비벼서 먹어도 맛있어요.

재료   3인분

두부 1/2모
통조림 참치 40~50g
애호박 10g
당근 7g
올리브유 적당량

소스

굴소스 1/3큰술
아기 간장 1/3큰술
물 5큰술

응용 레시피

통조림 참치 대신 소고기 다짐
육이나 돼지고기 다짐육 50g을
넣으면 **소고기두부조림** 또는 **돈
육두부조림**이 됩니다.

만드는 법   조리 시간 15분

1 두부는 1cm 두께로 8등분해 키친타월로
물기를 제거하고 통조림 참치는 기름을 버
리고 애호박과 당근은 잘게 다져요.

2 프라이팬에 올리브유를 두르고 두부를
중약불에서 앞뒤로 5~6분간 구워요.

3 볼에 다진 애호박과 당근, 굴소스, 아기
간장, 물 1큰술을 넣고 잘 섞어요.

4 ②의 두부 위에 ③의 소스를 뿌리고 통
조림 참치를 올려요. 물 4큰술을 넣고 중약
불에서 4~5분간 졸여요.

TIP 통조림 참치는 개봉 후 그릇에 담아 5분 이상 두어야 '퓨란'이라는 발암물질이 증발해요. 어른
반찬에는 채 썬 양파와 고춧가루 1큰술을 추가로 넣고 졸여 주세요.

고등어된장무조림

된장과 들깻가루로 비린내를 잡아주어 깔끔하게 먹을 수 있는 무조림이에요.
국물도 맛있고 고등어도 부드러워 아이가 잘 먹는 반찬이에요.

재료 2인분

고등어 순살 80g
무 55g
대파 5g
채수 300ml
들깻가루 1.5큰술

소스

아기 된장 1큰술
아가베 시럽 1/2큰술
다진 마늘 1/2큰술
채수 1큰술

만드는 법 조리 시간 20분

1 고등어 순살은 깨끗하게 씻고 무는 1cm
두께로 나박썰기 하고 대파는 송송 썰어요.

2 볼에 아기 된장, 아가베 시럽, 다진 마늘,
채수 1큰술을 넣고 섞어요.

3 냄비에 채수 300ml를 붓고 무와 ②의
소스를 넣어 중불에서 10분간 끓여요.

4 고등어 순살을 넣고 4분간 끓여요.

5 마무리로 대파와 들깻가루를 넣고 1분
간 끓여요.

TIP 고등어 대신 가자미, 동태, 달고기, 삼치 등으로 만들 수 있어요.

크래미사과무침

새콤달콤한 반찬입니다. 오이 대신 사과를 넣어 만든 메뉴인데요. 아이는 오이 무침보다 사과무침을 더 좋아하더라고요. 샐러드처럼 먹어도 맛있어요.

재료 3인분

크래미 35g
사과 20g

소스

마요네즈 2/3큰술
레몬즙 1/3큰술
아가베 시럽 1/3큰술

응용 레시피

오이 20g을 채 썰어 함께 버무리면 **크래미오이무침**이 됩니다.

만드는 법 조리 시간 10분

1 크래미는 손으로 잘게 찢고 사과는 채 썰어요.

2 볼에 마요네즈, 레몬즙, 아가베 시럽을 넣고 섞어요.

3 볼에 ①과 ②의 소스를 넣고 버무려요.

TIP 어른 반찬에는 마요네즈 1큰술을 추가로 넣어 주세요.

크래미숙주무침

숙주의 아삭한 맛과 크래미의 부드러운 맛이 더해져 아이들이 먹기 좋아요. 나물을 싫어하는 아이에게 만들어 주세요.

재료 4인분

크래미 70g
숙주 100g
부추 10g
아기 간장 1/2큰술
참기름 1/2큰술
깨소금 1/2큰술

만드는 법 조리 시간 10분

1 숙주는 깨끗이 씻고 크래미는 손으로 찢고 부추는 2cm 길이로 잘라요.

2 내열 용기에 숙주와 부추를 넣어 전자레인지에 3분간 돌리고 한 김 식혀요.

3 볼에 ②와 크래미, 아기 간장, 참기름, 깨소금을 넣고 버무려 완성해요.

크래미옥수수 샐러드

아삭아삭한 양배추, 부드러운 크래미, 달콤한 옥수수를 넣은 샐러드입니다. 아이가 너무 좋아하는 샐러드예요.

재료   3인분

양배추 25g
크래미 40g
통조림 옥수수 40g
마요네즈 1큰술
아가베 시럽 1/2큰술
레몬즙 소량

만드는 법   조리 시간 5분

1 양배추는 0.5cm 두께로 잘게 다지고 크래미는 손으로 잘게 찢어요. 통조림 옥수수는 물을 버려요.

2 볼에 ①과 마요네즈, 아가베 시럽, 레몬즙을 넣고 버무려요.

TIP 레몬즙은 제외해도 괜찮고 사과나 오이를 썰어 넣어도 상큼하니 맛이 좋아요. 마요네즈를 고를 때는 당 함량이 0g인 것을 구입해 주세요. 아보카도 마요네즈나 마이노멀 마요네즈를 추천해요.

스크램블에그

단백질이 풍부한 달걀로 만든 달콤한 스크램블에그입니다. 아침에 간단하게 만들어 주기 좋아요.

재료   2인분

달걀 2개
우유 60ml
무염버터 5g
아가베 시럽 소량
소금 2꼬집

응용 레시피

구이김에 쌀밥을 깔고 스크램블에그를 올려 돌돌 말면 **달걀김밥**이 됩니다.

만드는 법   조리 시간 5분

1   달걀과 우유를 준비해요.

2   볼에 달걀, 우유, 아가베 시럽, 소금을 넣고 잘 섞어요.

3   프라이팬에 무염버터를 올리고 약불에서 녹인 다음 ②의 달걀물을 붓고 1분간 그대로 익혀요.

4   뒤집개로 끝에서 끝을 긁어 뒤섞고 80% 정도 익으면 불을 꺼요. 그릇에 옮겨 담아 잔열로 익혀요.

> **TIP** 위아래로 마구 볶지 말고 뒤집개로 살살 긁어주듯이 해야 부드러운 스크램블에그를 만들 수 있어요. 우유 대신 생크림 60ml를 넣으면 더욱 부드러워요.

메추리알카레조림

언제 먹어도 고소하고 맛있는 메추리알에 카레 가루를 넣어 만든 반찬입니다. 감칠맛과 풍미가 가득해 아이의 밥도둑이 되어 줄 거예요.

재료 3인분

삭은 메추리알 15개
당근 25g
양파 25g
애호박 25g
물 250ml
카레 가루 2큰술

응용 레시피

카레 가루 대신 짜장 가루를 넣으면 **메추리알짜장조림**이 됩니다.

만드는 법 조리 시간 15분

1 삶은 메추리알의 껍질을 벗기고 당근, 양파, 애호박은 작게 깍둑썰기 해요.

2 냄비에 물을 붓고 ①의 채소를 넣어 중불에서 5분간 끓여요.

3 삶은 메추리알과 카레 가루를 넣고 2분간 더 끓여요.

TIP 메추리알은 끓는 물에 넣어 7~8분간 미리 삶아 준비해 주세요.

메추리알
병아리콩조림

영양가 넘치는 병아리콩이 들어가 건강하면서도 단백질이 가득 담긴 반찬입니다. 토마토소스를 넣고 졸여 새콤달콤하고 병아리콩이 씹혀서 고소해요.

재료 　　　　　　3인분

삶은 메추리알 15개
통조림 병아리콩 50g
물 200ml

소스

토마토소스(또는 케첩) 4큰술
아기 간장 1큰술
아가베 시럽 1큰술

만드는 법 　　　　　　조리 시간 10분

1 삶은 메추리알의 껍질을 벗기고 통조림 병아리콩은 물을 버려요.

2 냄비에 물을 부어 끓어오르면 통조림 병아리콩을 데치고 껍질을 벗겨요.

3 볼에 토마토소스, 아기 간장, 아가베 시럽을 넣고 섞어요.

4 냄비에 삶은 메추리알, ②의 통조림 병아리콩, ③의 소스를 넣고 중약불에서 4분간 졸여요.

TIP 　케첩을 넣을 때는 아가베 시럽을 1/2큰술로 줄여요. 통조림 병아리콩이 아닌 경우 병아리콩을 12시간 이상 불렸다가 20~30분간 삶아 조리해 주세요.

메추리알스카치에그

고소한 메추리알을 육즙 가득한 소고기로 감싼 반찬입니다. 바삭바삭하고
아이가 한입에 쏙 먹기도 좋아요. 어른이 함께 먹어도 맛있어요.

재료

1인분

삶은 메추리알 10개

소고기 다짐육 110g

밀가루 2.5큰술

달걀 1개

빵가루 4.5큰술

현미유 적당량

만드는 법

1 삶은 메추리알의 껍질을 벗기고 소고기 다짐육을 준비해요.

2 삶은 메추리알에 밀가루 1.5큰술을 골고루 묻혀요.

3 소고기 다짐육을 10등분해 얇게 펴고 삶은 메추리알을 감싸요.

4 밀가루 1큰술을 묻히고 달걀물, 빵가루 순으로 튀김옷을 입혀요.

응용 레시피

삶은 메추리알 대신 아기 치즈 1/4조각을 둥글게 말아 넣으면 **소고기치즈볼**이 됩니다.

5 달군 프라이팬에 현미유를 두르고 중불에서 굴리며 4~5분간 구워요.

6 에어프라이어 170도에서 15분간 구워 마무리해요.

TIP ⑤의 과정 없이 에어프라이어 180도에서 15분간 구워도 돼요.

단호박에그슬럿

단호박과 달걀이 들어가 영양 만점인 요리입니다. 부드럽고 달콤한 단호박과 달걀의 조합이 너무 맛있어요.

재료 　　　　　　　　　4인분

단호박 1개
달걀 2개
아기 소금 2꼬집
아기 치즈 1~2장

만드는 법 　　　　　　　　　　조리 시간 15분

1　단호박은 베이킹소다와 식초로 깨끗이 씻고 꼭지가 내열 용기 바닥을 향하게 넣어 전자레인지에 2~3분간 돌려요.

2　꼭지를 자르고 속을 숟가락으로 파내요. 달걀과 아기 소금을 넣고 2~3번 저어요.

3　아기 치즈를 조각내 올리고 전자레인지에 4~5분간 돌려요.

TIP　토마토소스, 통조림 옥수수, 파프리카, 양파 등을 넣으면 더욱 맛있어요. 아기 치즈 대신 피자 치즈를 넣어도 돼요.

달걀가지볶음

가지를 싫어하는 아이에게 조금이라도 가지를 먹이기 위해 만든 반찬이에요.
부드러운 달걀과 함께 볶아 고소하고 달콤해요.

재료   1인분

달걀 1개
가지 15g
올리브유 적당량
아기 간장 1/3큰술
아가베 시럽 1/3큰술

만드는 법   조리 시간 5분

1   달걀은 풀어주고 가지는 채 썰어요.

2   프라이팬에 올리브유를 두르고 가지, 아기 간장, 아가베 시럽을 넣어 중약불에서 2분간 볶아요.

3   가지를 한쪽으로 밀고 올리브유를 둘러 달걀물을 휘저어가며 2분간 익혀요.

4   불을 끄고 가지와 스크램블에그를 섞어 마무리해요.

TIP   가지 대신 애호박, 브로콜리, 시금치, 오이를 넣어도 돼요.

달걀새우숙주볶음

부드러운 달걀과 아삭한 숙주의 식감이 좋은 반찬이에요. 새우를 넣어 단백질도 듬뿍 담았답니다. 따끈한 밥 위에 올려주면 한 그릇 덮밥으로도 먹을 수 있어요.

재료
2인분

달걀 1개
숙주 60g
쪽파 3g
올리브유 적당량
칵테일 새우 30g
다진 마늘 소량
아기 간장 1/2큰술
아가베 시럽 1/2큰술

만드는 법

1 숙주는 깨끗이 씻고 달걀은 풀어주고 쪽파는 잘게 다져요.

2 달군 프라이팬에 올리브유를 두르고 달걀물을 중약불에서 휘저어가며 2분간 익힌 후 그릇에 옮겨 담아요.

3 프라이팬에 올리브유를 두르고 칵테일 새우와 다진 마늘을 넣어 중약불에서 3~4분간 볶아요.

4 숙주를 넣고 강불에서 1분간 볶아요.

5 ②의 스크램블에그, 쪽파, 아기 간장, 아가베 시럽을 넣고 빠르게 섞어요.

TIP 달걀, 숙주, 칵테일 새우 중 하나가 빠져도 괜찮습니다.

오코노미달걀말이

오코노미달걀말이는 어른도 너무 좋아하는 메뉴입니다. 달걀말이에 소스만
추가했는데 보기도 맛도 좋은 색다른 달걀말이가 탄생했어요.

달걀 3~4개
양파 10g
당근 10g
대파 10g
올리브유 적당량
가쓰오부시 5g

소스

데리야키 소스 1/2큰술
마요네즈 1/2큰술

만드는 법　　　　　　　　　　　　조리 시간 15분

1 볼에 달걀을 풀어주고 양파, 당근, 대파 를 잘게 다져 섞어요.

2 달군 프라이팬에 올리브유를 두르고 ① 의 달걀물을 반 정도 부어요.

3 어느 정도 익으면 끝에서부터 돌돌 말고 남은 달걀물을 다 부어요.

4 달걀말이의 4면을 골고루 익혀요.

5 달걀말이를 한 김 식히고 1cm 두께로 썰 어요.

6 데리야키 소스와 마요네즈를 지그재그 로 뿌리고 가쓰오부시를 올려요.

TIP 물약 통에 소스를 담아 뿌리면 가늘고 예쁘게 뿌려져요. 데리야키 소스 대신 돈가스 소스를 활용해도 맛있어요.

순두부달걀찜

순두부와 달걀이 만났어요. 간단해서 아침 식사로 좋고 목 넘김이 좋아 아이가 아플 때 만들어 주기 좋아요. 달걀찜 하나로도 영양이 가득해요.

재료　　　　　1인분

순두부 80g
달걀 2개
애호박 15g
양파 15g
당근 10g
새우젓 1/3큰술

응용 레시피

아기 치즈 1장을 잘라 넣으면 **치즈순두부달걀찜**이 됩니다.

만드는 법　　　　　조리 시간 20분

1　순두부는 물을 버리고 달걀은 풀어주고 애호박, 양파, 당근은 잘게 다져요.

2　달걀물과 새우젓을 넣고 섞은 후 체에 걸러요.

3　볼에 ①의 순두부와 채소, ②의 달걀물을 넣고 섞어요.

4　내열 용기로 옮겨 담고 찜기 물이 끓어오르면 넣어 15분간 쪄요.

> **TIP** 먹기 직전 참기름 1/3큰술과 깨소금을 소량 뿌리면 더욱 맛있어요. 찜기 대신 전자레인지에 넣으면 조리가 빨라져요. 2분간 돌리고 다시 2분간 돌려주세요.

순두부볶음

단백질 가득한 순두부와 달걀에 채수를 더한 반찬입니다. 부드럽고 고소해 유아식 초기에 먹이기 좋고 아침밥 대신 만들어 주기도 해요.

재료　　　　　　1~2인분

몽글몽글 순두부 150g
달걀 1개
채수 100ml
아기 간장 1/3큰술
참기름 소량
참깨 가루 소량

만드는 법　　　　　　　　　조리 시간 5분

1　몽글몽글 순두부를 사거나 일반 순두부를 으깨 준비하고 달걀은 풀어요.

2　냄비에 채수를 붓고 순두부, 달걀물 순으로 넣어요. 한 번 젓고 중불로 두어요.

3　끓어오르면 저어 가며 2분간 끓이다가 아기 간장, 참기름, 참깨 가루를 넣어요.

TIP　양파, 당근, 애호박 등을 잘게 다져 넣어도 맛있어요. 아기 간장은 제외해도 괜찮아요.

두부청경채볶음

두부를 노릇노릇하게 구워 청경채와 함께 달콤한 소스로 볶아낸 반찬입니다.
만들면서 엄마가 자꾸 먹게 되는 맛이에요. 채소를 거부하는 아이도
맛있게 먹는 반찬이 되어 줄 거예요.

재료　　2인분

두부 160g
청경채 45g
올리브유 적당량
참기름 1/3큰술
참깨 1/3큰술

소스

굴소스 1/3큰술
아기 간장 1/3큰술
아가베 시럽 1/2큰술
다진 마늘 1/3큰술
물 1큰술

응용 레시피

두부 대신 소고기 안심 120g을
넣고 2~3분간 볶으면 **소고기청
경채볶음**이 됩니다.

만드는 법　　조리 시간 10분

1　두부는 1cm 크기로 깍둑썰기 해 키친타
월로 물기를 제거하고 청경채는 2~3cm 크
기로 잘라요.

2　볼에 굴소스, 아기 간장, 아가베 시럽, 다
진 마늘, 물을 넣고 섞어요.

3　프라이팬에 올리브유를 두르고 두부를
중약불에서 앞뒤로 4~5분간 구워요.

4　청경채와 ②의 소스를 넣고 중강불에서
1분간 볶아요.

5　불을 끄고 참기름과 참깨를 넣어 마무리
해요.

TIP　③에 소고기 다짐육 30g을 넣고 함께 볶으면 더욱 맛있어요.

두부커틀릿

두부의 부스러지는 식감을 싫어하는 아이도 바삭바삭한
두부커틀릿은 순삭한답니다. 맛도 챙기고 아이의 영양도 챙겨주세요.

재료 2인분

두부 1/4모

달걀 1개

밀가루 1.5큰술

빵가루 3큰술

현미유 적당량

응용 레시피

데리야키 소스와 마요네즈를 뿌리고 가쓰오부시를 올리면 두부 오코노미야끼가 됩니다.

③을 프라이팬에 구우면 두부달걀전이 됩니다.

만드는 법 조리 시간 15분

1 두부는 1cm 두께로 잘라 키친타월로 물기를 제거하고 달걀은 풀어줘요.

2 두부에 밀가루를 골고루 묻혀요.

3 ②의 두부에 달걀물을 골고루 묻혀요.

4 ③의 두부에 빵가루를 골고루 묻혀요.

5 프라이팬에 현미유를 두르고 ④를 약불에서 앞뒤로 5~6분간 구워요.

TIP 밀가루에 카레 가루를 소량 섞으면 색다른 맛이 돼요. 두부커틀릿은 케첩, 돈가스 소스, 데리야키 소스 모두 잘 어울리니 아이 취향대로 뿌려 주세요.

두부스테이크

단백질 가득한 두부와 달걀이 만나 부드럽고 고소한 반찬이에요.
채소도 잔뜩 넣어 건강에 좋고 어른도 함께 먹을 수 있답니다.

재료 5인분

두부 300g

애호박 35g

양파 30g

당근 25g

달걀 1개

부침가루(또는 밀가루) 2큰술

현미유 적당량

만드는 법

1 두부는 물을 버리고 애호박, 양파, 당근은 잘게 다지고 달걀을 준비해요.

2 두부는 면포나 키친타월로 물기를 제거한 후 으깨요.

3 내열 용기에 ①의 채소를 담고 랩을 씌워 전자레인지에 2분간 돌려요.

4 볼에 ②의 두부와 ③의 채소, 달걀, 부침가루를 넣고 잘 섞어요.

5 프라이팬에 현미유를 두르고 ④를 올려 중불에서 앞뒤로 5분간 구워요.

TIP 부침가루 대신 밀가루를 넣을 때는 아기 소금 1~2꼬집을 추가해 주세요. 소고기 또는 돼지고기 다짐육을 넣어도 정말 맛있어요.

옥수수감자크로켓

감자를 넣어 부드럽고 옥수수는 톡톡 씹히며 겉은 바삭한 크로켓입니다.
어른과 아이가 함께 만들어 먹을 수 있는 간식입니다.

재료 2~3인분

감자 200g
양파 20g
당근 20g
통조림 옥수수 1.5큰술
물 30ml
밀가루 1큰술
달걀 1개
빵가루 5큰술
현미유 적당량

만드는 법 조리 시간 25분

1 감자는 껍질을 벗겨 숭덩숭덩 썰고 양파, 당근은 잘게 다지고 통조림 옥수수는 물을 버려요.

2 내열 용기에 감자와 물을 담아 전자레인지에 5분간 돌려 익힌 후 으깨요.

3 내열 용기에 양파와 당근을 넣고 전자레인지에 2분간 돌려요.

4 볼에 감자, 양파, 당근, 통조림 옥수수를 넣어 섞고 둥글납작한 크로켓을 만들어요.

5 밀가루, 달걀물, 빵가루 순으로 튀김옷을 입혀요.

6 프라이팬에 현미유를 두르고 ⑤를 약불에서 앞뒤로 뒤집어 가며 7~8분간 구워요.

TIP 통조림 옥수수를 많이 넣으면 반죽이 잘 뭉쳐지지 않아요. 적당량만 넣어 주세요.

가지튀김

가지를 맛있게 먹을 수 있는 요리입니다.
가지에 대한 아이의 거부감을 없앨 수 있는 반찬으로 딱 알맞아요.
간단하고 쉽게 만들 수 있어요.

재료　3인분

가지 50g

부침가루(또는 밀가루) 2큰술

달걀 1개

빵가루 2큰술

현미유 적당량

만드는 법

1 가지는 0.5cm 두께로 통썰기 해요.

2 가지에 부침가루, 달걀물 순으로 튀김옷을 입혀요.

3 ②의 가지에 빵가루를 골고루 묻혀요.

4 달군 프라이팬에 현미유를 두르고 ③을 중불에서 앞뒤로 뒤집어 가며 5~6분간 구워요.

응용 레시피

③을 생략하고 바로 구우면 **가지전**이 됩니다.

가지 대신 애호박을 사용하면 **애호박튀김**이 됩니다.

TIP 달걀물에 아기 소금 1꼬집을 넣으면 더욱 맛있어요.

브로콜리동그랑땡

비타민 C, 베타카로틴이 풍부해 영양가 넘치는 브로콜리와 단백질이 풍부한 돼지고기를 넣어 만든 반찬이에요. 브로콜리를 싫어하는 아이를 위해 만들었어요.

재료　　　　　　　　1인분

브로콜리 50g
돼지고기 다짐육 150g
달걀 1개
카레 가루 1큰술
현미유 적당량

응용 레시피

반죽을 한 번에 올리고 중약불에서 4분간 굽다가 피자 치즈를 올리면 **브로콜리치즈전**이 됩니다.

돼지고기 다짐육 대신 두부 150g을 으깨 넣으면 **브로콜리두부전**이 됩니다.

만드는 법　　　　　　　　　　조리 시간 10분

1 브로콜리는 깨끗하게 씻어 잘게 다지고 돼지고기 다짐육을 준비해요.

2 볼에 브로콜리, 돼지고기 다짐육, 달걀, 카레 가루를 넣고 잘 섞어요.

3 프라이팬에 현미유를 두르고 둥근 반죽을 올려 중약불에서 앞뒤로 뒤집어 가며 5~6분간 구워요.

토마토버섯
스크램블

재료
1인분

방울토마토 40g
양송이버섯 30g
달걀 2개
올리브유 적당량
아기 간장 1/3큰술

버섯 중에 단백질이 으뜸인 양송이버섯을 비타민이 풍부한 토마토와 함께 올리브유에 볶아 맛도 좋고 영양소 흡수도 좋은 반찬이에요.

만드는 법

조리 시간 10분

1 방울토마토는 4등분하고 양송이버섯은 채 썰고 달걀은 풀어줘요.

2 프라이팬에 올리브유를 두르고 양송이버섯을 중약불에서 2~3분간 볶아요.

3 올리브유를 더 두르고 방울토마토와 달걀물을 넣어 휘저어가며 1분간 볶아요.

4 아기 간장을 넣고 20초간 볶아 마무리해요.

TIP 양송이버섯 대신 팽이버섯이나 새송이버섯을 넣어도 돼요.

고구마감자채볶음

달달한 고구마와 고소한 감자를 볶은 반찬입니다. 고구마 또는 감자만으로도 볶을 수 있으니 다양하게 요리해 주세요.

재료   5인분

고구마 50g
감자 100g
올리브유 적당량
아기 소금 3꼬집
참깨 1/3큰술

응용 레시피

고구마 대신 베이컨 50g을 넣으면 **감자채베이컨볶음**이 됩니다.

마지막에 물 3큰술, 카레 가루 1/3큰술을 넣고 1~2분간 볶으면 **고구마감자채카레볶음**이 됩니다.

만드는 법   조리 시간 10분

1 고구마와 감자는 껍질을 벗기고 얇게 채 썰어요.

2 끓는 물에 고구마와 감자를 넣어 4분간 익혀요.

3 ②를 찬물에 헹구고 체로 걸러 물기를 제거해요.

4 프라이팬에 올리브유를 두르고 ③과 아기 소금을 넣어 중약불에서 4~5분간 볶다가 참깨를 넣어 마무리해요.

TIP ② 대신 내열 용기에 물 100ml와 함께 담아 전자레인지에 7분간 돌리는 방법도 있어요. 어른 반찬에는 다진 마늘 1/2큰술, 소금 1/3큰술, 후추 소량을 추가해 주세요.

느타리버섯볶음

쫄깃한 식감의 느타리버섯볶음입니다. 아이와 어른이 함께 먹을 수 있어요. 어른이 함께 채소를 먹으면 아이도 더 잘 먹을 거예요.

재료　　　　　　2인분

느타리버섯 60g
양파 15g
올리브유 적당량
다진 마늘 5g
아기 간장(또는 굴소스) 1/3큰술
참기름 1/3큰술
참깨 소량

응용 레시피

마지막에 들깻가루 1/3큰술을 추가해 30초간 더 볶으면 **느타리버섯들깨볶음**이 됩니다.

크래미 30g을 잘게 찢어 함께 볶으면 **느타리버섯크래미볶음**이 됩니다.

만드는 법　　　　　　　　　　조리 시간 10분

1　느타리버섯은 손으로 잘게 찢고 양파는 얇게 채 썰어요.

2　프라이팬에 올리브유를 두르고 다진 마늘을 중약불에서 10초간 볶아요.

3　느타리버섯과 양파를 넣고 3분간 볶아요.

4　아기 간장, 참기름, 참깨를 넣고 가볍게 볶아요.

TIP　팽이버섯, 표고버섯, 새송이버섯, 만가닥버섯도 같은 방법으로 요리할 수 있어요.

새송이들기름볶음

칼슘과 비타민 C 그리고 수분이 가득한 새송이버섯에 들기름을 더해 고소함이
가득합니다. 쫄깃하면서도 부드러워 버섯을 싫어하는 아이도 좋아해요.

재료　　　　　　　2인분

새송이버섯 80g
들기름 1큰술
아기 소금 1꼬집

만드는 법　　　　　　　　　　　　　　조리 시간 5분

1　새송이버섯은 세로로 반을 자르고 손으
로 잘게 찢어요.

2　프라이팬에 들기름을 두르고 새송이버
섯을 중불에서 2~3분간 볶아요.

3　아기 소금을 넣고 30초간 가볍게 볶아요.

TIP　어른 반찬에는 들기름을 1/2큰술 정도 추가해 주세요.

무나물볶음

무는 다양한 효능과 영양이 가득해요. 맛있게 뚝딱 만들 수 있는 메뉴이자 어른과 함께 먹을 수 있는 반찬입니다.

재료 5인분

무 150g
채수(또는 물) 300ml
아기 간장 1/3큰술
참기름 1/3큰술

응용 레시피

마지막에 들깻가루 1큰술, 채수 2큰술을 넣고 1분간 볶으면 **들깨무나물볶음**이 됩니다.

만드는 법

조리 시간 20분

1 무는 얇게 채 썰어요.

2 프라이팬에 채수를 붓고 무를 넣어 중불에서 15분간 끓여요.

3 아기 간장과 참기름을 넣고 30초간 가볍게 볶아요.

TIP 무는 초록색 부분이 선명하고 표면이 매끈한 것이 맛있습니다. 유아식에는 무의 초록 부분 위주로 사용해 주세요.

가지들깨볶음

가지는 비타민 C, K, 칼륨, 마그네슘, 철분이 가득하고 다양한 항산화 기능을 지닌 채소입니다. 아이가 거부감 없이 먹을 수 있도록 만들어 보았어요.

재료   3인분

가지 1개
올리브유 적당량
다진 마늘 1/3큰술
채수 100ml
아기 간장 1/2큰술
들깻가루 1큰술
들기름 1/3큰술

만드는 법   조리 시간 10분

1   가지는 0.5cm 두께로 반달썰기 해요.

2   프라이팬에 올리브유를 두르고 다진 마늘을 중약불에서 1분간 볶아요.

3   가지를 넣고 2분간 볶다가 채수를 부어 물기가 없어질 때까지 4분간 끓여요.

4   아기 간장, 들깻가루, 들기름을 넣고 1분간 볶아요.

TIP   아기 간장, 들깻가루, 들기름 대신 굴소스 1큰술만 넣어도 맛있어요. 내열 용기에 가지와 채수를 넣어 전자레인지에 2~3분간 돌리고 소스와 함께 버무려도 돼요.

우엉호두조림

고단백 식이 섬유가 가득한 우엉과 뇌 건강에 좋은 호두를 함께 넣어 만든 영양 만점 반찬이에요. 호두의 고소한 맛이 더해져 아이가 좋아해요.

재료 5인분

우엉 110g
호두 알 30g
올리브유 1/2큰술
들기름 1.5큰술
물 150ml
아기 간장 3큰술
아가베 시럽 2.5큰술

응용 레시피

구이김에 쌀밥을 펴고 우엉호두조림을 넣어 말면 **우엉호두김밥**이 됩니다.

만드는 법 조리 시간 15분

1 우엉은 껍질을 벗겨 채 썰고 호두 알은 잘게 조각내요.

2 프라이팬에 올리브유와 들기름을 두르고 우엉을 중약불에서 2분 이상 볶아요.

3 물을 붓고 아기 간장과 아가베 시럽을 넣어 중불에서 5분간 졸여요.

4 호두 알을 넣고 물기가 없어질 때까지 5분 이상 졸여요.

TIP 들기름이 없을 때는 찬물에 식초 1~2큰술을 넣어 우엉을 10분 이상 담근 후 조리해 주세요.

고구마우유조림

식이 섬유가 풍부해 아이들 영양 간식으로 너무 좋은 고구마우유조림입니다.
우유에 고구마를 푹 익혀 부드러워요.

재료　　　　　　2인분

고구마 80g
무염버터 7g
우유 70ml
아가베 시럽 1/3큰술

만드는 법　　　　　　조리 시간 10분

1 고구마는 1cm 크기로 깍둑썰기 하고 물
에 담가 전분기를 빼요.

2 프라이팬에 무염버터와 물기를 제거한
고구마를 넣고 중불에서 4분간 볶아요.

3 우유를 붓고 아가베 시럽을 넣어 중약불
에서 5분간 졸여요.

TIP 고구마를 미리 전자레인지에 1~2분간 돌려 준비해 두면 조리 시간을 단축할 수 있어요. 무염
버터와 아가베 시럽은 제외해도 괜찮아요.

단호박감자조림

달콤하고 고소한 단호박과 감자로 만든 반찬입니다. 단호박은 부드럽고 감자는
쫄깃해서 밥반찬으로 계속 손이 가는 요리입니다.

재료   2~3인분

단호박 100g

감자 100g

물 60ml

올리브유 적당량

채수 150ml

아기 간장 1큰술

아가베 시럽 1큰술

만드는 법   조리 시간 15분

1   단호박과 감자는 껍질을 벗기고 깍둑썰기 해요.

2   내열 용기에 ①을 모두 담고 물을 넣어 전자레인지에 돌려요. 단호박은 2분 30초, 감자는 3분 30초예요.

3   프라이팬에 올리브유를 두르고 단호박과 감자를 중약불에서 2분간 볶아요.

4   채수를 붓고 아기 간장과 아가베 시럽을 넣어 8~9분간 졸여요.

TIP   단호박과 감자 중 1가지 재료만 사용해도 돼요. 미니 단호박을 전자레인지에 5분 돌리면 껍질이 쉽게 벗겨져요.

청경채무침

비타민 A, C, 칼륨, 칼슘이 가득한 청경채로 만든 반찬입니다. 아이에게 꼭 필요한 영양소를 담고 있는 식재료인 만큼 맛있게 만들어 제공해 주세요.

재료   3인분

청경채 100g
아기 소금 2꼬집
아기 간장 1/3큰술
참기름 1/3큰술
깨소금 1/3큰술

응용 레시피

달군 프라이팬에 올리브유를 두르고 다진 마늘 1/3큰술을 먼저 볶다가 데친 청경채, 버섯 60g, 굴소스 1/2큰술을 넣어 중불에서 1분간 볶으면 **청경채버섯볶음**이 됩니다.

아기 간장 대신 아기 된장 1/3큰술을 넣으면 **청경채된장무침**이 됩니다.

만드는 법   조리 시간 5분

1   청경채는 깨끗하게 씻어 3cm 간격으로 썰어요.

2   끓는 물에 청경채와 아기 소금을 넣고 1분 이내로 데쳐요.

3   데친 청경채를 찬물에 헹구고 물기를 꼭 짜요.

4   볼에 청경채, 아기 간장, 참기름, 깨소금을 넣고 버무려요.

TIP   청경채의 뿌리 부분은 질기기 때문에 24개월 이전 아이에게는 연한 잎 부분만 사용해 주세요. 뿌리 부분을 삶을 때는 잎 부분보다 30초 정도 시간을 추가해 주세요.

브로콜리들깨무침

브로콜리를 싫어하는 엄마도 좋아하는 반찬이에요. 브로콜리를 어떻게 하면 조금이라도 더 먹여볼까 하며 만들었어요. 만들면서도 자꾸만 먹게 되는 맛이에요.

재료   2인분

브로콜리 40g
아기 간장 1/3큰술
들깻가루 1/2큰술
들기름 1/3큰술
마요네즈 1/3큰술

응용 레시피

볼에 아기 간장 1/2큰술, 참기름 1/3큰술, 깨소금 1/3큰술을 넣고 버무리면 **브로콜리무침**이 됩니다.

으깬 두부 80g과 아기 간장 1/2큰술을 볼에 넣어 버무리면 **브로콜리두부무침**이 됩니다.

만드는 법   조리 시간 5분

1 브로콜리는 깨끗하게 씻어 아이가 먹기 좋은 크기로 잘라요.

2 끓는 물에 브로콜리를 넣어 1분간 데치고 물기를 제거해요.

3 볼에 브로콜리, 아기 간장, 들깻가루, 들기름, 마요네즈를 넣고 버무려요.

TIP 브로콜리 줄기 부분은 영양이 풍부해요. 잘게 다져서 볶음밥이나 덮밥에 넣어 주거나 야채큐브(310쪽 참고)에 함께 넣어 만들기 좋아요.

도토리묵김무침

장 건강에 좋은 말랑말랑한 식감의 도토리묵과 구이김을 함께 버무린 반찬이에요. 아이들이 좋아하는 도토리묵에 김가루를 더해 쫀득하고 고소해요.

재료   3인분

도토리묵 150g
구이김 1봉
아기 간장 1/2큰술
참기름 1/2큰술
깨소금 1/2큰술

만드는 법   조리 시간 10분

1   도토리묵은 아이가 먹기 좋은 크기로 잘라요.

2   끓는 물에 도토리묵을 3분간 삶고 찬물로 헹군 후 물기를 제거해요.

3   볼에 도토리묵, 잘게 찢은 구이김, 아기 간장, 참기름, 깨소금을 넣고 버무려요.

TIP   도토리묵 대신 청포묵으로 만들 수 있어요. 오이를 추가하면 더 맛있답니다. 구이김 대신 조미 김을 사용할 때는 아기 간장을 제외해 주세요.

오이무침

수분 가득한 오이는 찌거나 볶아 먹어도 맛있지만, 본연의 맛을 그대로 살려 아삭아삭하게 조리하는 방법이 제일이랍니다.

재료   2~3인분

오이 1/2개
아기 소금 2꼬집
아기 간장 1/3큰술
들기름 1/3큰술
깨소금 1/2큰술

응용 레시피

볼에 ②와 아기 간장 1큰술, 아가베 시럽 1/2큰술, 참기름 1/3큰술, 다진 마늘 1/3큰술, 깨소금 1/3큰술을 넣고 버무리면 **달콤오이무침**이 됩니다.

만드는 법   조리 시간 10분

1   오이는 깨끗하게 씻어 껍질을 벗겨요.

2   오이를 세로로 자르고 가운데 씨를 파낸 후 1cm 두께로 잘라요.

3   볼에 오이와 아기 소금을 넣고 섞어 5분간 절여요.

4   아기 간장, 들기름, 깨소금을 넣고 버무려요.

ABC깍두기

사과, 비트, 당근을 넣어 만든 깍두기입니다. 비타민, 미네랄, 식이 섬유 등 영양소가 풍부한 식재료로 만들었어요. 달콤해서 아이가 잘 먹어요.

재료   10인분

무 300g
아기 소금 1/2큰술

소스
당근 50g
비트 15g
사과 100g
사과즙 50ml

만드는 법   조리 시간 10분

1 무는 1cm 보다 작은 크기로 깍둑썰기 해요.

2 무, 아기 소금을 섞어 1시간 이상 절이고 찬물로 여러 번 헹궈요.

3 당근과 비트는 전자레인지에 2분 30초 간 돌리고 사과, 사과즙과 함께 믹서기에 갈아요.

4 절인 무와 ③의 소스를 섞어 버무려요.

TIP 냉장고에 1일 정도 숙성해 두었다가 먹으면 더욱 맛있어요. 무는 초록색 부분이 선명하고 표면이 매끈한 것이 맛있습니다. 유아식에는 무의 초록 부분 위주로 사용해 주세요.

사과오이피클

매운 김치를 대신할 수 있는 사과즙으로 만든 오이피클입니다. 설탕을 사용하지 않고 사과즙으로 맛을 내 몸에 좋아요.

재료   10인분

오이 1개
사과 1/2개
물 200ml
사과즙 150ml
식초 20ml

만드는 법   조리 시간 10분

1 오이는 껍질을 벗겨 1~2cm 두께로 썰고 사과는 같은 두께로 나박썰기 해요.

2 냄비에 물, 사과즙, 식초를 붓고 중불에서 5분간 끓여요.

3 내열 용기에 오이와 사과를 넣고 팔팔 끓인 ②를 부어요.

TIP 냉장고에 1일 정도 숙성해 두었다가 먹으면 더욱 맛있어요. 사과 대신 무, 사과즙 대신 배즙, 식초 대신 레몬즙을 넣어도 돼요.

Part
7

응용 메뉴

한 가지 재료나 완성 요리로 다양한 음식을 만들어 보는 응용 메뉴입니다. 같은 재료일지라도 조리법에 따라 전혀 다른 음식이 만들어져요. 미리 만들어 냉동고에 넣어두면 여러모로 활용하기 좋은 비상 반찬과 큐브도 준비했습니다. 바쁜 엄마, 요리 초보 엄마를 위한 메뉴들이에요.

소불고기

아이들에게 최고의 반찬인 달콤하고 부드러운 소불고기입니다.
불고기로 만들 수 있는 10가지 메뉴도 함께 담았어요. 넉넉하게 만들어
냉장고나 냉동고에 보관했다가 아이에게 다양한 소불고기 요리를 해주세요.

재료 4인분

소고기 등심(불고기용) 300g
양파 60g
당근 30g
올리브유 적당량

소스
배 120g
양파 60g
당근 30g
아기 간장 3큰술
아가베 시럽 2큰술
다진 마늘 1/2큰술
참기름 1/2큰술

만드는 법 조리 시간 20분

1   소고기 등심은 핏물을 제거해 먹기 좋은 크기로 자르고 양파와 당근은 채 썰어요.

2   믹서기에 소스용 배, 양파, 당근을 갈아요.

3   ②에 아기 간장, 아가베 시럽, 다진 마늘, 참기름을 넣고 섞어요.

4   볼에 ①과 ③의 소스를 넣어 섞고 10분간 두어요.

5   달군 프라이팬에 올리브유를 두르고 먹을 만큼 덜어 중불에서 볶아요.

TIP   ② 대신 배즙, 사과즙을 넣어도 돼요. 이땐 아가베 시럽 1큰술을 추가해요. 소스에 당근을 제외해도 괜찮지만, 넣으면 당근과 소고기 기름이 만나 영양소 섭취를 2~3배 높여줘요.

소불고기숙주볶음

소불고기에 아삭아삭한 숙주를 넣어 빠르게 볶아낸 반찬이에요. 아이도 어른도 함께 먹을 수 있어요. 숙주 대신 다양한 채소를 넣어도 좋아요.

재료　　　　　　1인분

소불고기 60g(270쪽 참고)

숙주 25g

올리브유 적당량

만드는 법　　　　　　조리 시간 10분

1 미리 만들어 둔 소불고기와 숙주를 반으로 잘라요.

2 프라이팬에 올리브유를 두르고 소불고기와 숙주를 분리해 강불에서 2분간 볶아요.

3 불을 끄고 소불고기와 숙주를 섞어 잔열로 30초간 볶아요.

TIP 숙주 대신 콩나물, 애호박, 버섯, 청경채, 파프리카를 넣어도 돼요.

소불고기버섯덮밥

소불고기와 버섯을 넣어 부드럽게 먹을 수 있는 덮밥이에요. 버섯만 준비하면 빠르게 만들 수 있어요. 버섯은 취향에 맞게 넣어 주세요.

재료   1인분

쌀밥 100g
소불고기 60g(270쪽 참고)
팽이버섯 25g
채수(또는 물) 130ml
아기 간장 1/2큰술
아가베 시럽 1/3큰술
전분물 1큰술
참기름 1/3큰술

응용 레시피

전분물 대신 달걀 1개를 풀어 넣고 1분간 끓이면 **소고기덮밥(규동)**이 됩니다.

만드는 법   조리 시간 10분

1   미리 만들어 둔 소불고기와 팽이버섯을 3~4cm 길이로 잘라요.

2   프라이팬에 채수를 붓고 ①과 아기 간장, 아가베 시럽을 넣어 중약불에서 3분간 끓여요.

3   전분물을 넣고 저어 가며 30초간 끓여요.

4   불을 끄고 참기름을 넣어 마무리한 후 쌀밥 위에 올려 완성해요.

TIP   전분물은 전분 1/2큰술과 물 1큰술을 섞어 사용해 주세요. 팽이버섯 대신 표고버섯, 느타리버섯, 양송이버섯을 넣어도 돼요.

소불고기달걀전

소불고기에 달걀을 넣어 단백질과 철분이 가득한 반찬이에요. 소불고기의 단맛과 달걀의 고소함이 적절하게 어울려요. 육전보다 간단하고 쉽게 만들 수 있어요.

재료   2인분

소불고기 60g(270쪽 참고)
달걀 1개
대파 7g
현미유 적당량

응용 레시피

②에 쌀밥 50g을 추가하면 소불고기밥전이 됩니다.

만드는 법   조리 시간 10분

 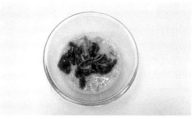

1   달걀을 준비하고 미리 만들어 둔 소불고기와 대파는 잘게 다져요.

2   볼에 달걀, 소불고기, 대파를 넣고 잘 섞어요.

3   프라이팬에 현미유를 두르고 ②를 1큰술씩 올려 중불에서 앞뒤로 뒤집어 가며 4분간 구워요.

TIP 대파는 제외해도 괜찮고 다른 채소를 다져 넣어도 좋아요. 어른 반찬에는 채 썬 대파와 부침가루 1~2큰술을 넣어 바삭하게 튀겨 주세요.

소불고기김밥

달콤한 소불고기를 넣어 만든 김밥이에요. 아침밥으로도 든든한 한 끼로도 좋은 김밥입니다. 김밥을 말면서 엄마가 다 먹을 정도로 맛있고 아이도 너무 좋아해요.

재료   1인분

쌀밥 100g
소불고기 60g(270쪽 참고)
올리브유 적당량
참깨 1/2큰술
참기름 1/2큰술
구이김 1장

응용 레시피

아기 치즈나 달걀지단을 추가하면 **소불고기치즈김밥** 또는 **소불고기달걀김밥**이 됩니다.

만드는 법   조리 시간 10분

1 미리 만들어 둔 소불고기와 쌀밥을 준비해요.

2 프라이팬에 올리브유를 두르고 소불고기를 중불에서 2분간 구운 후 한 김 식혀요.

3 볼에 쌀밥, 참깨, 참기름을 넣고 섞어요.

4 구이김에 ③의 밥을 깔고 ②의 소불고기를 넣어 돌돌 말아요.

TIP 쌀밥에 양념을 따로 하지 않아도 괜찮아요. 미리 만들어 둔 소불고기가 없다면 소고기 등심 60g, 아기 간장 1/2큰술, 아가베 시럽 1/2큰술을 넣고 섞어 간단하게 볶아 넣는 방법도 있어요.

소불고기떡볶이

소불고기와 떡국떡만 넣어 만든 떡볶이에요. 소불고기 하나만 있으면 궁중 떡볶이를 뚝딱 만들 수 있어요.

재료 · 1인분

소불고기 110g(270쪽 참고)
떡국떡 90g
물 120ml

만드는 법 · 조리 시간 10분

1 미리 만들어 둔 소불고기와 떡국떡을 준비해요.

2 찬물에 떡국떡을 30초간 담갔다 건져요.

3 프라이팬에 물을 붓고 소불고기를 중불에서 2분간 끓여요.

4 ②의 떡국떡을 넣고 2분 30초간 끓여요.

TIP 버섯이나 파프리카 등의 채소를 추가하면 더욱 맛있어요. 간이 부족하다 느껴지면 아기 간장 1/3큰술, 아가베 시럽 1/3큰술을 넣어 주세요.

소불고기우동볶음

소불고기와 우동을 함께 볶아낸 면 요리예요. 아이가 따봉 하고 엄지를 척 들며 맛있게 먹어준 메뉴입니다. 우동면만 있으면 간단하게 만들 수 있어요.

재료 · 1인분

소불고기 90g(270쪽 참고)
우동면 110g
올리브유 적당량
아기 간장 1/3큰술
아가베 시럽 1/3큰술
참기름 1/3큰술

만드는 법 · 조리 시간 10분

1 미리 만들어 둔 소불고기와 우동면을 준비해요.

2 끓는 물에 우동면을 1분 30초간 삶아 건져요.

3 프라이팬에 올리브유를 두르고 소불고기를 중불에서 2분간 볶아 한쪽으로 밀어요.

4 ②의 우동면, 아기 간장, 아가베 시럽, 참기름을 넣고 소불고기와 함께 1분간 볶아요.

TIP 우동면 대신 소면이나 칼국수면으로도 만들 수 있어요. 어른 요리에는 쯔유 1큰술을 추가해 주세요.

소불고기
크림리소토

우유와 아기 치즈의 조합으로 고소하고, 소불고기가 들어가 달콤한 크림리소토
예요. 부드럽게 먹을 수 있는 한 그릇 메뉴로 좋아요.

재료
1인분

쌀밥 100g
소불고기 90g(270쪽 참고)
우유 130ml
아기 치즈 1장

만드는 법
조리 시간 10분

1 미리 만들어 둔 소불고기와 쌀밥을 준비
해요.

2 프라이팬에 소불고기를 넣고 중약불에
서 2분간 볶아요.

3 우유를 붓고 아기 치즈를 넣어 1분간 끓
여요.

4 쌀밥을 넣고 저어 가며 1분간 끓여 완성
해요.

TIP 쌀밥 대신 파스타면을 삶아 넣을 수 있어요. 간이 부족하다 느껴지면 아기 간장 1/3큰술, 아가
베 시럽 1/3큰술을 넣어 주세요.

소불고기죽

소불고기와 쌀밥으로 빠르게 만들 수 있어요. 간단하지만 든든한, 영양가 있는 보양식으로 손색없는 소불고기죽이에요. 아이와 어른이 함께 먹어요.

재료 · 1인분

쌀밥 90g
소불고기 80g(270쪽 참고)
애호박 20g
채수(또는 물) 270ml
아기 간장 1/3큰술
참기름 1/3큰술

만드는 법 · 조리 시간 10분

1 미리 만들어 둔 소불고기와 애호박을 잘게 다지고 쌀밥을 준비해요.

2 냄비에 채수를 붓고 소불고기와 애호박을 넣어 중불에서 4분간 끓여요. 중간에 올라오는 불순물은 제거해요.

3 쌀밥을 넣고 중약불에서 저어 가며 5분간 끓여요.

4 아기 간장과 참기름을 넣어 젓고 마무리해요.

TIP 오징어나 새우를 잘게 다져 넣으면 더욱 맛있어요. 브로콜리, 부추, 버섯 등 다양한 채소를 다져 넣어도 좋아요.

소불고기볶음밥

달달한 소불고기를 쌀밥과 함께 볶아낸 한 그릇 볶음밥이에요. 간단하고 빠르게 만들 수 있고 호불호 없는 맛이라 아이가 좋아해요.

재료
1인분

쌀밥 90g
소불고기 70g(270쪽 참고)
올리브유 적당량
아기 간장 1/2큰술
아가베 시럽 1/3큰술

만드는 법
조리 시간 10분

1 미리 만들어 둔 소불고기는 잘게 다지고 쌀밥을 준비해요.

2 프라이팬에 올리브유를 두르고 소불고기를 중강불에서 1분간 볶아요.

3 쌀밥, 아기 간장, 아가베 시럽을 넣고 저어 가며 2분간 볶아 마무리해요.

TIP 양파, 애호박, 브로콜리, 파프리카 등 다양한 채소를 다져 넣으면 더욱 맛있어요. 채소를 넣을 때는 채소 먼저 볶은 후 소불고기를 넣어 주세요.

소불고기잡채

소불고기로 쉽고 빠르게 만들 수 있는 잡채예요. 아이가 면을 좋아해서 가끔 별미로 만들어 주는 메뉴입니다. 어른 반찬으로도 좋아요.

재료 1인분

소불고기 90g(270쪽 참고)
당면 40g
물 130ml
아기 간장 1큰술
참기름 1/3큰술

만드는 법 조리 시간 10분

1 미리 만들어 둔 소불고기와 찬물에 30분 정도 불린 당면을 3등분해요.

2 프라이팬에 물을 붓고 당면, 아기 간장, 참기름을 넣어 중약불에서 2분간 끓여요.

3 소불고기를 넣고 2분 30초간 볶아요.

TIP 버섯, 양파, 당근을 채 썰어 한 번 볶고 마지막에 넣으면 더욱 맛있어요. 채소를 넣을 때는 아기 간장 1큰술, 아가베 시럽 1/2큰술을 추가해 간을 더해 주세요.

소고기미역국

아이가 가장 편하게 먹을 수 있는 소고기미역국입니다. 성장기 아이들에게
필요한 단백질, 철분, 아연, 칼슘, 요오드 등 영양이 듬뿍 담겨 있어요.
오래오래 끓여 부드럽게 만들어 주세요.

건미역 10g
소고기 양지(국거리용) 150g
물 1,300ml
참기름 1큰술
아기 간장 3큰술
다진 마늘 1큰술

만드는 법　　　　　　　조리 시간 40분

1　소고기 양지는 핏물을 제거해 1cm 크기로 자르고 건미역도 가위로 잘게 잘라요.

2　건미역은 찬물에 10분 이내로 담가 불리고 한 번 씻어 물기를 제거해요.

3　냄비에 참기름과 소고기 양지를 넣고 중약불에서 2분간 볶아요.

4　불린 미역을 넣고 3분간 볶아요.

응용 레시피

물 대신 사골 육수 1,000ml를 넣으면 **사골미역국**이 됩니다.

소고기미역국 200ml에 쌀밥 100g, 채수 100ml를 넣고 5분간 끓이면 **소고기미역죽**이 됩니다.

소고기미역국 200ml에 떡국떡을 넣고 2~3분간 끓이면 **소고기 미역떡국**이 됩니다.

5　물을 붓고 아기 간장을 넣어 중약불에서 20분간 푹 끓여요.

6　다진 마늘을 넣고 중약불에서 10분간 더 끓여요.

TIP 미역국은 오래 끓이면 끓일수록 맛이 좋아져요. 유아식 초기에는 소고기 다짐육을 사용해 요리해 주세요. 소고기미역국은 소분해 냉동 보관할 수 있어요(2주 이내 소진).

소고기들깨미역국

소고기미역국에 들깨를 넣어 만든 국입니다. 들깨는 오메가3, 식이 섬유, 철분, 아연, 비타민 C가 풍부해서 보양식으로 좋아요.

재료   1인분

소고기미역국 200ml(282쪽 참고)
들깻가루 1큰술

만드는 법   조리 시간 5분

1   미리 만들어 둔 소고기미역국과 들깻가루를 준비해요.

2   냄비에 소고기미역국과 들깻가루를 넣고 중불에서 2~3분간 끓여요.

소고기미역
버섯덮밥

재료   1인분

쌀밥 120g

소고기미역국 200㎖(282쪽 참고)

들깻가루 1큰술

느타리버섯 20g

전분물 1큰술

비타민 D와 마그네슘이 풍부한 버섯을 넣어 만든 덮밥입니다. 다양한 버섯으로 요리해 주세요

만드는 법   조리 시간 5분

1 미리 만들어 둔 소고기미역국과 들깻가루를 준비하고 느타리버섯을 작게 잘라요.

2 프라이팬에 소고기미역국, 들깻가루, 느타리버섯을 넣고 중불에서 2분간 끓여요.

3 전분물 1큰술을 넣고 저어 가며 1분간 끓여요.

TIP 전분물은 전분 1/2큰술과 물 1큰술을 섞어 사용해 주세요. 느타리버섯 대신 표고버섯, 팽이버섯, 새송이버섯, 만가닥버섯을 넣어도 돼요.

콩나물국

영양도 풍부하고 면역력 향상에도 좋은 콩나물로 국을 만들었어요. 콩나물국을 활용해 여러 요리를 만들 수 있답니다.

재료　　　　　　　6인분

콩나물 200g
채수(또는 물) 800ml
다진 대파 8g
다진 마늘 1/3큰술
아기 소금 소량
아기 간장 1/3큰술

만드는 법　　　　　　　조리 시간 15분

1　콩나물은 깨끗하게 씻고 뿌리를 깔끔하게 손질해요.

2　냄비에 채수 700ml를 붓고 콩나물을 넣어 중불에서 4분간 끓여요.

3　채수가 끓어오르면 중약불로 줄여 5분간 끓이다가 콩나물 반절을 건지고 채수 100ml를 더 부어요.

4　건진 콩나물은 무침에 넣어요. 다진 대파, 다진 마늘, 아기 소금, 아기 간장을 넣고 1~2분간 더 끓여요.

TIP 채수 대신 멸치육수나 코인 육수를, 아기 소금 대신 새우젓을 사용해도 돼요. 콩나물국만 만들 때는 콩나물 100g에 채수 400ml만 넣어 주세요.

콩나물무침

콩나물국을 만들 때 건져 둔 콩나물로 만든 반찬입니다. 2가지 방법으로 콩나물무침을 만들어요. 들깻가루를 넣은 고소한 들깨콩나물무침도 별미예요.

재료   3인분

삶은 콩나물 100g(286쪽 참고)
다진 대파 1/3큰술
다진 마늘 1/3큰술
아기 간장 1/3큰술
참기름 1/3큰술
깨소금 소량

응용 레시피

마지막에 들깻가루 1/2큰술을 넣고 버무리면 **들깨콩나물무침**이 됩니다.

콩나물 대신 데친 시금치나 숙주 100g을 넣으면 **시금치무침** 또는 **숙주무침**이 됩니다.

만드는 법   조리 시간 5분

1 볼에 미리 건져 둔 콩나물을 담고 가위로 1~2번 잘라요.

2 다진 대파, 다진 마늘, 아기 간장, 참기름을 넣어 버무리고 깨소금으로 마무리해요.

TIP 아기 간장 대신 아기 소금을 사용해도 돼요. 들깨콩나물무침을 만들 때는 참기름 대신 들기름을 넣으면 더욱 고소해요.

소고기콩나물덮밥

콩나물국에 소고기를 넣어 덮밥을 만들었어요. 소고기로 단백질과 철분을
채워주고 한 그릇 뚝딱할 수 있는 덮밥이에요.

재료

1인분

쌀밥 100g

소고기 다짐육 50g

콩나물국 콩나물 35g(286쪽 참고)

콩나물국 국물 100ml(286쪽 참고)

올리브유 적당량

아기 간장 1/3큰술

전분물 1큰술

참기름 1/3큰술

만드는 법

조리 시간 10분

1 소고기 다짐육을 준비하고 콩나물국 콩나물은 잘게 잘라요.

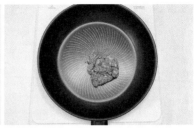

2 프라이팬에 올리브유를 두르고 소고기 다짐육을 중약불에서 2~3분간 볶아요.

3 콩나물국 국물을 붓고 ①의 콩나물과 아기 간장을 넣어 3분간 끓여요.

4 국물이 끓어오르면 전분을 넣고 저어 가며 1분간 끓여요.

응용 레시피

③에 들깻가루 1/2큰술을 추가하면 **소고기들깨콩나물덮밥**이 됩니다.

5 불을 끄고 참기름을 넣어 마무리한 후 쌀밥 위에 올려 완성해요.

TIP 전분물은 전분 1/2큰술과 물 1큰술을 섞어 사용해 주세요. 콩나물국이 없을 땐 내열 용기에 콩나물과 물 100ml를 담고 전자레인지에 5분간 돌려 사용해요.

소고기뭇국

아이들이 좋아하는 소고기뭇국입니다. 국 한 그릇으로 속이 든든해요. 자라면서 필수로 챙겨 먹어야 할 철분이 많이 들어 있어요.

재료   2인분

소고기 양지 100g
무 80g
참기름 1/3큰술
채수 600ml
아기 간장 2/3큰술
다진 마늘 소량

응용 레시피

③에 버섯류 30g을 썰어 넣고 2분간 추가로 끓이면 **소고기버섯국**이 됩니다.

③에 두부 100g을 썰어 넣은 후 2분간 추가로 끓이면 **소고기두부국**이 됩니다.

만드는 법   조리 시간 15분

1 소고기 양지와 무는 1cm 크기로 깍둑썰기 해요. 무는 더 작게 썰어도 좋아요.

2 냄비에 참기름을 두르고 소고기 양지와 무를 약불에서 1분간 볶아요.

3 채수를 붓고 중불에서 15~20분간 끓여요. 중간에 올라오는 불순물은 제거해요.

4 아기 간장과 다진 마늘을 넣고 1분간 더 끓여요.

TIP ③에 당면을 추가로 넣으면 더욱 맛있습니다. 소고기뭇국은 소분해 냉동 보관할 수 있어요(2주 이내 소진).

소고기무덮밥

완성된 소고기뭇국으로 만든 소고기무덮밥이에요. 너무 간단해 만들기 편해요. 두부나 버섯을 추가해서 다양하게 만들어 주세요.

재료 1인분

쌀밥 100g
소고기뭇국 200g(290쪽 참고)
채수 50ml
아기 간장 1/3큰술
전분물 1큰술
참기름 소량

응용 레시피

버섯이나 두부 30g을 썰어 넣고 2분간 끓이면 소고기버섯덮밥 또는 소고기두부덮밥이 됩니다.

들깻가루 1큰술을 추가하면 소고기들깨무덮밥이 됩니다.

만드는 법 조리 시간 5분

1 프라이팬에 미리 만들어 둔 소고기뭇국, 채수, 아기 간장을 넣고 끓여요.

2 국물이 끓어오르면 전분물을 넣어 빠르게 젓고 참기름으로 마무리한 후 쌀밥 위에 올려 완성해요.

TIP 전분물은 전분 1/2큰술과 물 1큰술을 섞어 사용해 주세요.

연어야채조림

영양소가 풍부하고 고단백인 연어와 다양한 채소가 어우러진 반찬입니다. 연어라고 하면 특별한 식재료 같지만 다른 생선보다 조리하기 간단하고 편해요.

재료　　　　　　4인분

연어 순살 150g
감자 40g
양파 40g
당근 25g
브로콜리 20g
올리브유 적당량
채수 250ml
굴소스 1/2큰술
아기 간장 1/2큰술
아가베 시럽 1/3큰술

응용 레시피

연어 대신 가자미나 소고기 150g을 넣으면 **가자미야채조림** 또는 **소고기야채조림**이 됩니다.

만드는 법　　　　　　　　　　조리 시간 20분

1　연어 순살, 감자, 양파, 당근은 깍둑썰기하고 브로콜리는 적당한 크기로 썰어요.

2　프라이팬에 올리브유를 두르고 연어 순살을 중약불에서 4~5분간 굽고 그릇에 옮겨 담아요.

3　프라이팬에 채수를 붓고 ①의 채소를 넣어 중약불에서 10분간 익혀요.

4　채수가 졸아들면 ②의 연어, 굴소스, 아기 간장, 아가베 시럽을 넣고 잘 섞어요.

TIP 채소를 싫어하는 아이에게는 채소를 아주 잘게 다져 넣어 주세요.

연어야채덮밥

연어야채조림을 응용해서 만드는 연어야채덮밥입니다. 덮밥과 반찬을 동시에
만들 수 있으니 참으로 편하죠.

재료 1인분

쌀밥 100g
연어야채조림 100g(292쪽 참고)
채수 100ml
아기 간장 1/3큰술
전분물 1큰술

만드는 법 조리 시간 5분

1 프라이팬에 채수를 붓고 연어야채조림
을 넣어 중불에서 3분간 끓여요.

2 채수가 끓어오르면 아기 간장과 전분물
을 넣고 저어 가며 1분간 끓여 마무리한 후
쌀밥 위에 올려 완성해요.

TIP 전분물은 전분 1/2큰술과 물 1큰술을 섞어 사용해 주세요. 연어를 싫어하는 아이에게는 연어
를 으깨 넣어 주세요.

닭안심크림소스

단백질과 필수 아미노산이 가득한 닭안심을 넣어 만든 크림소스입니다. 담백하고 부드러워 아이가 먹기 좋고 다양한 요리를 만들 수 있어요.

재료
2인분

닭안심 120g
양파 25g
브로콜리 15g
파프리카 20g
무염버터 10g
우유 300ml
아기 치즈 1장
아가베 시럽 1/2큰술

응용 레시피

②에 아기 소금 1꼬집과 아기 간장을 소량 넣고 볶으면 **닭안심버터볶음**이 됩니다.

쌀밥 110g을 넣고 3~4분간 끓이면 **닭안심크림리소토**가 됩니다.

만드는 법
조리 시간 15분

1 닭안심은 근막과 힘줄을 제거한 후 양파, 브로콜리, 파프리카와 함께 1~2cm 크기로 깍둑썰기 해요.

2 프라이팬에 무염버터를 넣고 ①을 중불에서 3~4분간 볶아요.

3 우유를 붓고 아기 치즈를 넣어 저어 가며 7분간 끓여요.

4 아가베 시럽을 넣고 1분간 끓여요.

TIP 무염버터 대신 현미유나 올리브유를, 우유 대신 생크림이나 휘핑크림을 넣어도 돼요. 어른 소스에는 소금과 후추를 추가해 주세요.

닭안심토마토소스

비타민 C 가득한 토마토로 만드는 소스입니다. 달콤한 맛으로 아이도 잘 먹어요. 토마토소스는 어느 요리에도 잘 어울려요.

재료   2인분

닭안심 150g
양파 20g
브로콜리 20g
파프리카 20g
양송이버섯 20g
무염버터 10g
채수 50ml
토마토소스 160ml
아가베 시럽 1.5큰술

응용 레시피

닭안심토마토소스 170g과 달걀 1개를 전자레인지에 5분간 돌리면 **에그인헬**이 됩니다.

프라이팬에 올리브유를 두르고 또띠아를 올려 닭안심토마토소스 100g을 발라요. 그 위에 아기 치즈 1장을 올리고 반을 접어 2~3분간 구우면 **치킨퀘사디아**가 됩니다.

닭안심크림소스 100g과 닭안심토마토소스 100g을 섞어 1분간 끓이면 **닭안심로제소스**가 됩니다.

만드는 법   조리 시간 10분

1 닭안심은 근막과 힘줄을 제거한 후 양파, 브로콜리, 파프리카, 양송이버섯과 함께 1~2cm 크기로 깍둑썰기 해요.

2 프라이팬에 무염버터를 넣고 ①을 중불에서 3분간 볶아요.

3 채수를 붓고 토마토소스, 아가베 시럽을 넣어 3~4분간 끓여요.

미트볼&햄버그스테이크

한입 크기의 미트볼과 햄버그스테이크를 한 번에 만들어요.
아이가 좋아하는 메뉴이자 냉동실 비상 반찬으로 만들어 두면
엄마가 편해서 좋아요.

재료

소고기 다짐육 300g

돼지고기 다짐육 150g

양파 100g

당근 50g

다진 마늘 1/3큰술

아기 치즈 2장

아가베 시럽 1/3큰술

빵가루 1큰술

현미유 적당량

만드는 법

1 소고기 다짐육과 돼지고기 다짐육을 준비하고 양파와 당근은 아주 잘게 다져요.

2 볼에 ①과 다진 마늘, 아기 치즈, 아가베 시럽을 넣고 잘 섞어요.

3 믹서기나 초퍼에 ②를 넣고 곱게 갈아요.

4 반죽으로 작은 미트볼과 두툼한 햄버그 스테이크를 만들어요.

응용 레시피

토마토소스 5큰술, 물 2큰술, 아가베 시럽 1/2큰술을 중불에서 4분간 끓여 미트볼에 붓고 쌀밥과 함께 먹으면 **미트볼토마토덮밥**이 됩니다.

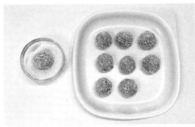

5 미트볼 중 일부는 빵가루를 묻혀요.

6 프라이팬에 현미유를 두르고 ④와 ⑤를 약불에서 7~8분간 구워요.

TIP 에어프라이어 170도에서 17분간 굽는 방식도 있어요. 미트볼과 햄버그스테이크는 소분해 냉동 보관할 수 있어요(2주 이내 소진).

떡갈비

소고기로만 만들어 담백하고 부드럽고 육즙이 팡팡 터지는
촉촉한 떡갈비입니다. 소고기의 쫄깃함과 감칠맛이
풍부해서 아이가 좋아해요.

재료 12개

소고기 다짐육 300g

다진 마늘 20g

다진 대파 20g

찹쌀가루 2큰술

아기 간장 1큰술

아가베 시럽 1큰술

현미유 적당량

만드는 법

1 소고기 다짐육, 다진 마늘, 다진 대파를 준비해요.

2 볼에 ①을 넣고 잘 섞어요.

3 찹쌀가루, 아기 간장, 아가베 시럽을 넣고 섞어요.

4 반죽으로 평평한 떡갈비를 만들어요.

5 프라이팬에 현미유를 두르고 ④를 약불에서 앞뒤로 10분간 구워요.

TIP 떡갈비를 얇게 만들면 굽는 시간을 줄일 수 있어요. 떡갈비를 두껍게 만들었을 때는 물 2큰술을 넣고 찌듯이 구워요. 떡갈비는 소분해 냉동 보관할 수 있어요(2주 이내 소진).

동그랑땡

아이가 호불호 없이 좋아하는 동그랑땡으로 다양한 요리를 만들어 주세요.

재료 19개

돼지고기 다짐육 200g

두부 150g

양파 25g

당근 10g

부추 5g

다진 마늘 1/3큰술

아기 소금 3꼬집

참기름 1/3큰술

밀가루 2큰술

달걀 1개

현미유 적당량

응용 레시피

②에 표고버섯 1개를 다져 넣으면 **표고완자전**이 됩니다.

만드는 법 조리 시간 20분

1 돼지고기 다짐육을 준비하고 두부는 물을 버리고 으깨요. 양파, 당근, 부추를 잘게 다져요.

2 볼에 ①과 다진 마늘, 아기 소금, 참기름, 밀가루 1큰술을 넣고 섞어요.

3 둥글납작한 동그랑땡을 만들어요.

4 밀가루 1큰술과 달걀을 준비하고 ③에 밀가루, 달걀물 순으로 묻혀요.

5 프라이팬에 현미유를 두르고 ④를 약불에서 앞뒤로 10분간 구워요.

TIP 동그랑땡은 소분해 냉동 보관할 수 있어요(2주 이내 소진).

새우볼

탱글탱글한 새우를 다져 촉촉하고 부드러우며 씹히는 맛도 있는 새우볼이에요.
새우볼만 먹어도 국에 넣어 먹기도 좋은 편리한 메뉴예요.

새우 200g

양파 20g

애호박 15g

당근 10g

달걀 흰자 1개

전분 2큰술

부침가루(또는 밀가루) 1.5큰술

만드는 법   조리 시간 25분

1 새우는 껍질과 내장을 제거하고 양파, 애
호박, 당근은 아주 잘게 다져요.

2 새우는 너무 잘게 말고 식감을 살리는
정도로만 다져요.

3 볼에 다진 새우, ①의 채소, 달걀 흰자,
전분, 부침가루를 넣고 섞어요.

4 새우볼을 만들고 찜기에 올려 중불에서
15~20분간 쪄요.

응용 레시피

냄비에 채수 400ml를 붓고 새우
볼 10개, 애호박 30g, 버섯 30g,
양파 20g, 아기 간장 1큰술을 넣
어 7분간 끓이면 새우완자탕이
됩니다.

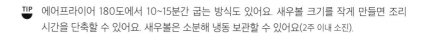

TIP 에어프라이어 180도에서 10~15분간 굽는 방식도 있어요. 새우볼 크기를 작게 만들면 조리
시간을 단축할 수 있어요. 새우볼은 소분해 냉동 보관할 수 있어요(2주 이내 소진).

치킨커틀릿

단백질이 가득하고 부드러운 닭안심을 노릇하게 구운 치킨커틀릿입니다.
다른 소스 없이 먹어도 맛있는 레시피라 넉넉히 만들어 온 가족 함께 먹어요.

닭안심 140g

카레 가루 1큰술

부침가루(또는 밀가루) 1큰술

달걀 1개

빵가루 10큰술

현미유 적당량

만드는 법

1 닭안심은 근막과 힘줄을 제거한 후 두툼한 부분은 두드리거나 칼집을 내 펴요.

2 카레 가루와 부침가루를 섞어 닭안심에 골고루 묻혀요.

3 달걀을 풀어주고 ②에 달걀물, 빵가루 순으로 골고루 묻혀요.

4 프라이팬에 현미유를 두르고 ③을 중약불에서 앞뒤로 5분간 구워요.

TIP 닭안심 대신 닭다리살이나 닭가슴살로 만들 수 있어요. 카레 가루가 없을 때는 소금과 후추로 간을 해 주세요. 치킨커틀릿은 소분해 냉동 보관할 수 있어요(2주 이내 소진).

새우커틀릿

새우에 빵가루를 입혀 만든 새우커틀릿이에요.
바삭하고 새우의 감칠맛이 느껴져요. 만들어 두면 샌드위치나
햄버거 패티로 활용하기도 좋아요.

재료   4개

새우 160g
전분(또는 부침가루) 2큰술
빵가루 8큰술
달걀 1개
현미유 적당량

응용 레시피

모닝빵 위에 양상추 1장, 토마
토 슬라이스 1장, 새우커틀릿 1
장을 차례로 올리고 마요네즈와
케첩을 뿌려요. 모닝빵으로 덮
어주면 **새우버거**가 됩니다.

만드는 법

1 새우는 껍질과 내장을 제거해 식감을 살   2 볼에 다진 새우와 전분을 넣고 섞어요.
리면서 다져요.

3 둥글납작한 모양으로 만들고 냉동고에   4 굳힌 ③에 달걀물, 빵가루 순으로 골고
1시간 이상 굳혀요.   루 묻혀요.

5 프라이팬에 현미유를 두르고 ④를 중약
불에서 앞뒤로 4분간 구워요.

TIP ③이 어렵다면 ②에 달걀까지 넣어 반죽하고 빵가루를 활용해 모양을 단단하게 잡아요. 새우
커틀릿은 소분해 냉동 보관할 수 있어요(2주 이내 소진).

돈가스

호불호 없이 모든 아이가 좋아하는 돈가스입니다.
만들기 번거롭고 힘들어 보이지만 의외로 간단해요.
만들어 두면 여러 번 먹을 수 있으니 엄마를 편하게 하는 메뉴예요.

재료　　　　　　　　7개

돼지고기 등심(돈가스용) 800g

우유 100ml

다진 마늘 1/2큰술

아기 소금 소량

후추 소량

밀가루(또는 부침가루) 4.5큰술

달걀 3개

빵가루 85g

현미유 적당량

만드는 법　　　　　　　

1　돼지고기 등심은 키친타월로 핏물을 제거하고 우유에 20~30분 담가 잡내를 제거해요.(생략 가능).

2　돼지고기 등심을 건져 잘 펴고 다진 마늘, 아기 소금, 후추를 골고루 묻혀요.

3　②에 밀가루를 골고루 묻혀요. 부침가루를 사용할 때는 소금 간을 하지 않아요.

4　달걀은 알끈이 남아 있을 정도로 풀고 ③에 달걀물을 입혀요.

5　빵가루를 골고루 묻혀요.

6　달군 프라이팬에 현미유를 넉넉히 두르고 ⑤를 중불에서 앞뒤로 6~7분간 구워요.

TIP 현미유에 빵가루를 떨어뜨리고 3초 안에 올라올 때 돈가스를 넣어 주세요. 돈가스는 소분해 냉동 보관할 수 있어요(2주 이내 소진).

야채큐브

유아식 만드는 과정을 간편하게 만들어 주는 만능 야채큐브입니다. 아이에 따라 야채큐브에 미리 간을 해줘도 좋습니다.

재료 　　　　4인분

애호박 100g
양파 100g
당근 50g
채수 400ml

만드는 법 　　　　조리 시간 15분

1　애호박, 양파, 당근은 잘게 다지거나 초퍼로 갈아요.

2　프라이팬에 채수를 붓고 ①을 넣어 중불에서 10분, 강불에서 5분간 저어 가며 익혀요.

3　충분히 식힌 후 큐브에 50g씩 담아 냉동 보관해요.

TIP　채소는 브로콜리, 버섯, 파프리카 등 다양하게 변경할 수 있어요. 아이가 아삭한 식감을 좋아한다면 채소 익히는 시간과 채수를 100ml 정도 줄여 주세요.

소고기야채큐브

철분이 가득한 소고기를 듬뿍 넣어 만든 소고기야채큐브로 한 번 만들어 두면
볶음밥, 덮밥, 죽, 리소토, 김밥, 전, 반찬 등을 뚝딱 만들어 낼 수 있답니다.

재료 　　　　9인분

소고기 다짐육 300g
애호박 100g
양파 100g
당근 50g
채수 350ml
다진 마늘 1큰술
아기 간장 1큰술

만드는 법 　　　　조리 시간 20분

1　소고기 다짐육을 준비하고 애호박, 양파,
당근은 잘게 다지거나 초퍼로 갈아요.

2　프라이팬에 채수를 붓고 ①의 채소를 넣
어 중불에서 10분, 강불에서 5분간 저어 가
며 익혀요.

3　소고기 다짐육, 다진 마늘, 아기 간장을
넣고 중불에서 3분, 강불에서 2분간 저어 가
며 졸여요.

4　충분히 식힌 후 큐브에 50g씩 담아 냉
동 보관해요.

TIP　소고기 대신 돼지고기 안심, 닭안심을 넣어도 돼요. 냉동 보관 후 3주 이내로 사용해 주세요.